建筑业企业建造员考试培训教材

建设工程施工管理

建筑业企业建造员考试培训教材编审委员会　组织编写
杨露江　主编

中国建筑工业出版社

图书在版编目(CIP)数据

建设工程施工管理/建筑业企业建造员考试培训教材编审委员会组织编写；杨露江主编. —北京：中国建筑工业出版社，2009

建筑业企业建造员考试培训教材

ISBN 978-7-112-11150-3

Ⅰ. 建… Ⅱ. ①建…②杨… Ⅲ. 建筑工程-施工管理-技术培训-教材 Ⅳ. TU71

中国版本图书馆 CIP 数据核字(2009)第 122188 号

本教材共分七章，主要包括：建设工程施工管理概论、招投标与合同管理、成本控制、建设工程进度控制、质量控制、建设工程职业健康安全与环境管理、建设工程信息管理。内容深入浅出，通俗易懂，便于自学。

本教材主要作为建造员资格培训的配套教材，也可供建筑工程施工单位、工程监理单位、勘察设计单位广大技术人员参考使用。

* * *

责任编辑：朱首明 王美玲

责任设计：张政纲

责任校对：兰曼利 王雪竹

建筑业企业建造员考试培训教材

建设工程施工管理

建筑业企业建造员考试培训教材编审委员会 组织编写

杨露江 主编

*

中国建筑工业出版社出版、发行(北京西郊百万庄)

各地新华书店、建筑书店经销

北京天成排版公司制版

北京富生印刷厂印刷

*

开本：787×1092 毫米 1/16 印张：9½ 字数：230 千字

2009 年 8 月第一版 2014 年 3 月第九次印刷

定价：**29.00** 元

ISBN 978-7-112-11150-3

(18397)

建筑业企业建造员考试培训教材
编审委员会

前　言

根据建设部《注册建造师管理规定》（建设部令第 153 号）、《注册建造师执业管理办法》（建市［2008］49 号）以及建设部有关建筑业企业项目经理资质管理制度向建造师（建造员）执业资格制度过渡的有关精神，建造员注册受聘后，可以担任建设小型工程施工管理的项目负责人，从事法律、法规或建设行政主管部门规定的相关业务，为此四川省建筑业协会组织编写了建筑业企业建造员考试培训教材。

本套教材共四册，分别为《建设工程施工管理》、《建筑工程管理与实务》、《公路与市政公用工程管理与实务》、《水利水电工程管理与实务》，建设工程法规及相关知识未编写教材，可使用建造师执业资格考试用书编写委员会编写的《建设工程法规及相关知识》。

建筑业企业建造员考试培训教材以国家颁布的现行规范、标准为依据，从建造员执业的专业范围和担任小型工程（小型工程规模标准按照建设部《关于印发〈注册建造师执业工程规模〉（试行）的通知》建市［2007］171 号）项目施工负责人的职业需要出发，既有专业基础理论，更注重职业实际操作能力培养。该教材主要作为建筑业建造员考试培训教材使用，也可供高、中等职业院校实践教学和建筑行业初、中级专业技术人员自学使用。

《建设工程施工管理》由杨露江主编，刘兴胜、洪玲参编；《建筑工程管理与实务》由曾虹主编，郎松军参编；《公路与市政公用工程管理与实务》由杨转运主编，姜建华、刘素玲、袁芳、王水江、文娟娟、孙亮参编；《水利水电工程管理与实务》由吴明军主编，王劲波、唐英敏参编。本套书的编写得到了四川省建筑职业技术学院的大力支持。由于水平有限，本教材还需在教学和实践中不断完善，敬请广大建筑业企业施工管理技术人员和教师提出宝贵意见。

本教材经建筑业企业建造员考试培训教材编审委员会审定，由中国建筑工业出版社出版。

建筑业企业建造员考试培训教材编审委员会

目　录

第一章　建设工程施工管理概论

第一节　建设工程项目管理概述

一、建设工程项目管理的概念

工程项目管理是集知识、智力、技术为一体的综合性管理，是为了使项目取得成功所进行的全过程和全方位的规划、组织、控制与协调。建设工程项目管理的内涵是自项目开始到项目完成，通过项目策划和项目控制，使项目的费用目标、进度目标、质量目标得以实现。它是建设项目、设计项目、施工项目、咨询(监理)项目等管理的总称，是项目管理的一大类，其实质是工程建设的实施者，运用系统工程的观点、理论和方法，对工程的建设进行全过程和全方位的管理，实现生产要素在工程项目上的优化配置，为用户提供优质的产品。

二、建设工程项目管理的分类

根据建设工程生产组织的特点，一个项目通常由众多的单位参与完成不同的建设任务，而各参与单位的工作任务、工作性质、利益不同，因此形成了不同的项目管理。但由于建设方(业主方)是建设工程项目生产过程的总组织者，因此对于一个建设工程项目来讲，建设方的项目管理是管理的核心。

1. 建设方项目管理

建设方项目管理是业主单位站在投资主体的立场，对工程项目建设进行的综合性管理工作。即是通过一定的组织形式，采取一定的措施和方法，对投资建设的一个项目的所有工作，进行计划、协调、监督、控制和总结评价，以达到确保建设项目的质量、缩短建设工期、提高投资效益的目的。

2. 设计方项目管理

设计方项目管理是由设计单位对参与建设项目设计阶段工作所进行的自我管理。设计单位通过对设计项目管理，从技术和经济上对拟建工程进行全面而详尽地规划，绘制、编制出设计图纸和设计说明书，为工程施工提供依据，并在实施的过程中进行监督和验收，以达到质量控制、进度控制和投资(成本)控制的目的。

3. 施工方项目管理

施工方项目的管理主体是施工企业，这是其他管理方所不能代替的。施工项目管理的对象是施工项目，其管理的生命周期主要包括：工程投标、签订工程项目承包合同、施工准备、施工、交工验收及投入使用后服务等一系列活动。此外，施工项目管理具有特殊性，主要表现是生产活动与市场交易活动同时进行，买卖双方都投入生产管理，生产活动与交易活动很难分开。所以，施工项目管理是对特殊的商品、特殊的生产活动，在特殊的市场上，进行的特殊的交易活动的管理，其复杂性和艰巨性都是其他生产管理所不能比拟的。

由于施工项目的生产活动具有单件性、复杂性，所以在生产中一旦出现事故很难解决；又由于参与项目施工的人员不断流动，需要采取特殊的流水方式施工，所以生产组织的工作量很大；再者施工在露天作业，生产周期长，所以需要投入的资金多；另外施工活动极为复杂，涉及经济关系、技术关系、法律关系、行政关系和人际关系等。由此可见，施工项目管理中的组织协调工作极为艰难、复杂、多变，必须通过强化组织协调的方法才能保证施工顺利进行。强化组织协调工作的方法主要是：配备优秀项目经理，建立施工调度机构，配备称职的调度人员，努力使调度工作科学化、信息化，建立动态的控制体系。

4. 供货方项目管理

供货方作为工程建设的一个参与单位，其项目管理的目标是供货的质量、成本、进度目标。供货方的项目管理工作主要在施工阶段进行，但也涉及设计准备阶段、设计阶段、动用准备阶段和保修期。

5. 咨询(监理)项目管理

由监理单位进行的工程项目管理，涉及施工阶段的管理，但监理单位是受建设方的委托，代表建设方的利益，属于建设方项目管理，不能称为施工项目管理。

项目监理是由监理单位进行的项目管理。一般是监理单位受业主单位的委托，签订委托监理合同，为业主单位进行建设项目管理。监理单位也是一种技术性的中介组织，是依法成立的、专业化的、高智能型的组织，它具有服务性、科学性与公正性，是按照国家有关监理法规进行工程项目监理。因此，建设监理单位是一种特殊的工程咨询机构，其工作性质是工程咨询。

监理单位受业主单位的委托，对设计单位、施工单位和供货单位等在工程承包活动中的行为以及责、权、利，进行公正、合理的协调与约束，对建设项目进行投资控制、进度控制、质量控制、安全管理、合同管理、信息管理与组织协调。

6. 政府对工程项目的管理。

政府对工程项目管理的目的主要在于维持社会公共利益，保证社会能够健康、有序稳步发展，保证国家建设顺利进行。

政府对工程项目的管理具有权威性和强制性。主要是通过制定各种宏观经济政策和社会发展规划对重要资源和环境与安全进行管理。其管理内容主要有：审查工程项目建设的可行性和必要性；确定工程建设项目的具体位置和用地面积；审查工程项目的设计是否符合建设用地、城市规划要求；审查工程项目是否符合建筑技术性法规、设计标准的规定；审查工程项目是否符合开工条件，是否符合竣工要求等。

三、建设工程项目管理的职能

1. 计划职能

计划职能包括决定最后的结果以及决定这些结果的适宜手段的全部管理活动，它分为以下相互关联的四个阶段。

第一阶段：确定目标及其先后次序，即科学确定工程项目的总目标和分目标及其目标的先后次序、目标实现的时间和合理结构。

第二阶段：预测对实现目标可能产生影响的未来事态，通过预测决定计划期内活动期望能达到什么水平，能获得多少资源来支持计划的实施。

第三阶段：通过预算来实现计划。确定预算包括哪些资源，各资源预算之间的内在关系，采用什么预算方法。

第四阶段：通过分析评价，提出指导实现预期目标的最优方案或准则。方案反映组织的基本目标，是整个组织进行活动的指导方针，说明如何实现目标。为使方案有效，在制订方案时，要保证方案的灵活性、全面性、协调性和明确性。

2. 组织职能

组织职能是划分建设单位、设计单位、施工单位、监理单位在各阶段的任务，并对为达到目标所必需的各种业务活动进行分类组合，把监督每类业务活动所必需的职权授予主要人员，规定工程项目各部门之间的协调关系，制订以责任制为中心的工作制度，以确保工程项目的目标实现。

3. 控制职能

工程项目的控制职能是管理人员为保证实际工作按计划完成所采取的一切行动以及纠正措施，把不符合要求的活动拉回到正常轨道上，即是目标控制，其根本方法是项目目标的动态控制，动态控制的步骤是：①目标确定及目标分解；②收集实际数据；③将实际数据与计划数据进行比较，找出偏差；④采取纠偏措施；⑤如有必要进行目标调整、项目管理采用动态调整和优化控制方法进行控制，具体体现在以下几个方面：

(1) 预先控制

包括对人力、原材料、设备、图纸等资源的预先控制，防止项目实施过程中所需资源的质、量和供应时间上产生偏差，其纠正对象是资源。

(2) 现场控制

指对正在进行的项目活动进行监督、调节，保证项目实施的正常进行，其纠正对象是现场项目实施的活动。

(3) 反馈原理

依据工程项目已实施部分的结果进行分析而采取纠正活动，其纠正内容主要是改进资源输入和改进具体作业措施。

4. 协调职能

协调就是联结、联合及调和所有的活动和力量。协调的目的是要处理好项目内外的大量复杂关系，调动协作各方的积极性，使之协同一致、齐心协力，从而提高项目组织的运转效率，保证项目目标的实现。

第二节 建设工程项目管理的任务

工程项目管理是工程项目从规划拟定、项目规模确定、工程设计、工程施工，到建成投产为止的全部过程，涉及建设单位、咨询单位、设计单位、施工单位、行政主管部门、材料设备供应单位等，其主要内容有：

一、项目组织协调

组织协调是工程项目管理的职能之一，是实现工程项目目标必不可少的方法和手段。在工程项目的实施过程中，组织协调的主要内容有：

1. 外部环境协调

与政府部门之间的协调，如规划、城建、市政、消防、人防、环保、城管等部门的协调；资源供应方面的协调，如供水、供电、供热、通信、运输和排水等方面的协调；生产要素方面的协调，如材料、设备、劳动力和资金等方面的协调；社区环境方面的协调。

2. 项目参与单位之间的协调

主要有业主、监理单位、设计单位、施工单位、供货单位、加工单位等。

3. 项目参与单位内部的协调

即项目参与单位内部各部门、各层次之间及个人之间的协调。

二、合同管理

包括合同签订和合同管理两项任务。合同签订包括合同准备、谈判、修改和签订等工作；合同管理包括合同文件的执行、合同纠纷的处理和索赔事宜的处理工作。在执行合同管理任务时，要重视合同签订的合法性和合同执行的严肃性，为实现管理目标服务。

三、进度管理

包括方案的科学决策、计划的优化编制和实施有效控制三方面的任务。方案的科学决策是实现进度控制的先决条件，它包括方案的可行性论证、综合评估和优化决策。只有决策出优化的方案，才能编制出优化的计划。计划的优化编制，包括科学确定项目的工序及其衔接关系、持续时间、优化编制网络计划和实施措施，是实现进度控制的重要基础。实施有效控制包括同步跟踪、信息反馈、动态调整和优化控制，是实现进度控制的根本保证。

四、投资(费用)控制

投资控制包括编制投资计划、审核投资支出、分析投资变化情况、研究投资减少途径和采取投资控制措施五项任务。前两项属于投资的静态控制，后三项属于投资的动态控制。

五、质量控制

质量控制包括制定各项工作的质量要求及质量事故预防措施，各方面的质量监督与验收制度，以及各个阶段的质量处理和控制措施三方面的任务。制订的质量要求要具有科学性，质量事故预防措施要具备有效性。质量监督和验收包括对设计质量、施工质量及材料设备质量的监督和验收，要严格检查制度和加强分析。质量事故处理与控制要对每一个阶段均严格管理和控制，采取细致而有效的质量事故预防和处理措施，以确保质量目标的实现。

六、风险管理

随着工程项目规模的不断大型化和技术复杂化，业主和承包商所面临的风险越来越多。工程建设客观现实告诉人们，要保证工程项目的投资效益，就必须对项目风险进行定量分析和系统评价，以提出风险防范对策，形成一套有效的项目风险管理程序。

七、信息管理

信息管理是工程项目管理工作的基础工作，是实现项目目标控制的保证，其主要任务就是及时、准确地向项目管理各级领导、各参加单位及各类人员提供所需的综合程度不同的信息，一边在项目进展的全过程中，动态地进行项目规划，迅速正确地进行各种决策，并及时检查决策执行情况，反映工程实施中暴露出来的各类问题，为项目总目标控制服务。

八、安全管理

安全管理要贯穿整个建设工程的始终，在建设工程中要建立“安全第一，预防为主”的理念，一开始就要确定项目的最终安全目标，制订项目的安全保证计划。

第三节 施工方项目经理

一、项目经理与建造师

1. 项目经理

自20世纪80年代以来，随着改革开放和市场经济的发展，我国逐渐引入了工程项目管理理论，项目经理岗位责任制作为与现代化企业相适应的新型生产经营和管理机制，在我国发展迅速。所谓项目经理岗位责任制，就是项目经理对所承担项目的生产经营管理工作，实行统一领导，全权负责。具体地讲，建筑施工企业项目经理(以下简称项目经理)，是指受企业法定代表人委托对工程项目施工过程全面负责的项目管理者，是建筑施工企业法定代表人在工程项目上的代表人。项目经理的确定有四种方式：直接由企业领导决定；由人事部门推荐、企业聘任；招标确定；职工推选。

2. 建造师

建造师是一种执业资格注册制度。执业资格制度是政府对某种责任重大、社会通用性强、关系公共安全利益的专业技术工作实行的市场准入制度。要想取得建造师执业资格，就必须具备学历、从事工作年限等基本条件，并且要通过全国建造师执业资格统一考试，并经国家主管部门授权的管理机构注册后方能取得建造师执业资格证书。建造师从事建造活动，是一种执业行为，取得资格后才可以使用建造师名称，依法单独执行建造业务，并承担法律责任。

由上可见，建造师是懂技术、懂管理、懂经济、懂法规、综合素质较高的复合型人员，既要有理论水平，也要有丰富的实践经验和较强的组织能力。建造师在近期以施工管理为主，以后将延伸到项目管理等其他领域，取得注册建造师执业资格，等于取得了进入市场承担建造业务的通行证。除建筑业企业外，一些新型的工程咨询、工程担保、融资代理、网络服务等现代企业都将为未来的建造师提供广阔的用武之地。

3. 项目经理与建造师的区别

2003年2月27日，在《国务院关于取消第二批行政审批项目和改变一批行政审批项目管理方式的决定》(国发［2003］5号)中规定:“取消建筑施工企业项目经理资质核准,由注册建造师代替,并设立过渡期”。根据该规定,自2003年2月27日起,建设行政主管部门不再审批项目经理资格,改由注册建造师代替,在5年的过渡期内,原项目经理资质证书与建造师同时使用,过渡期满后,大、中型工程项目施工的项目经理必须由取得建造师注册证书的人员担任;但取得建造师注册证书的人员是否担任工程项目施工的项目经理,由企业自主决定。这就标志着在我国已实行了8年的项目经理资质行政审批制度将逐步由国家注册建造师执业资格制度代替。同时,取消项目经理资质行政审批并不意味着取消项目经理岗位责任制。项目经理与建造师是两个不同的概念:在国际上,建造师的执业范围相当宽,可以在施工企业、政府管理部门、建设单位、工程咨询单位、设计单位、教学和科研单位等执业。而项目经理是企业任命的一个项目的项目管理班子的负责人,是一个管理岗位;任务仅限于主持项目管理工作,至于是否有人权、财权和物资采购权等管理权限,由其上级确定。

二、施工方项目经理的任务

1. 施工方项目经理的职责

项目经理在承担工程项目施工管理过程中,履行下列职责:

(1) 贯彻执行国家和工程所在地政府的有关法律、法规和政策,执行企业的各项管理制度;

(2) 严格财务制度,加强财经管理,正确处理国家、企业与个人的利益关系;

(3) 执行项目承包合同中由项目经理负责履行的各项条款;

(4) 对工程项目施工进行有效控制,执行有关技术规范和标准,积极推广应用新技术,确保工程质量和工期,实现安全、文明生产,努力提高经济效益。

2. 施工项目经理应具有的权限

项目经理在承担工程项目施工的管理过程中,应当按照建筑施工企业与建设单位签订的工程承包合同,与本企业法定代表人签订“项目管理目标责任书”,并在企业法定代表人授权范围内,负责工程项目施工的组织管理。施工项目经理应具有下列权限:

(1) 参与企业进行的施工项目投标和签订施工合同。

(2) 经授权组建项目经理部,确定项目经理部的组织结构,选择、聘任管理人员,确定管理人员的职责,并定期进行考核、评价和奖惩。

(3) 在企业财务制度规定的范围内,根据企业法定代表人授权和施工项目管理的需要,决定资金的投入和使用,决定项目经理部的计酬办法。

(4) 在授权范围内,按物资采购程序性文件的规定行使采购权。

(5) 根据企业法定代表人授权或按照企业的规定选择、使用作业队伍。

(6) 主持项目经理部工作,组织制定施工项目的各项管理制度。

(7) 根据企业法定代表人授权,协调和处理与施工项目管理有关的内部与外部事项。

3. 施工项目经理的任务

施工项目经理的任务包括项目的行政管理和项目管理两个方面,其在项目管理方面的主要任务:施工安全管理、施工成本控制、施工进度控制、施工质量控制、工程合同管理、工程信息管理和与工程施工有关的组织与协调等。

三、施工方项目经理的责任

（1）施工企业项目经理的责任应在“项目管理目标责任书”中加以体现。经考核和审定，对未完成“项目管理目标责任书”确定的项目管理责任目标或造成亏损的，应按其中有关条款承担责任，并接受经济或行政处罚。“项目管理目标责任书”应包括下列内容：

1）企业各业务部门与项目经理部之间的关系；

2）项目经理部使用作业队伍的方式，项目所需材料供应方式和机械设备供应方式；

3）应达到的项目进度目标、项目质量目标、项目安全目标和项目成本目标；

4）在企业制度规定以外的、由法定代表人向项目经理委托的事项；

5）企业对项目经理部人员进行奖惩的依据、标准、办法及应承担的风险；

6）项目经理解职和项目经理部解体的条件及方法。

（2）在国际上，由于项目经理是施工企业内的一个工作岗位，项目经理的责任则由企业领导根据企业管理的体制和机制，以及根据项目的具体情况而定。企业针对每个项目有十分明确的管理职能分工表，该表明确项目经理对哪些任务承担策划、决策、执行、检查等职能，其将承担的则是相应责任。

（3）项目经理对施工项目管理应承担的责任。工程项目施工应建立以项目经理为首的生产经营管理系统，实行项目经理负责制。项目经理在工程项目施工中处于中心地位，对工程项目施工负有全面管理的责任。

（4）项目经理对施工安全和质量应承担的责任。要加强对建筑业企业项目经理市场行为的监督管理，对发生重大工程质量安全事故或市场违法违规行为的项目经理，必须依法予以严肃处理。

（5）项目经理对施工项目应承担的法律责任。项目经理由于主观原因或由于工作失误，有可能承担法律责任和经济责任。政府主管部门将追究的主要是其法律责任，企业将追究的主要是其经济责任，但是，如果由于项目经理的违法行为而导致企业的损失，企业也有可能追究其法律责任。

第四节　建设工程项目建设程序

一、建设工程项目建设程序的概念

建设工程项目建设程序是指一项工程从设想提出到决策，经过设计、施工直到投产使用的全部过程的各个阶段、各个环节以及各主要工作内容之间必须遵循的先后顺序。

建设程序反映了建设工作的客观规律性，由国家制定法规予以规定。严格遵循和坚持按建设程序办事是提高工程建设经济效益的必要保证。

二、建设工程项目建设程序的划分

一个建设工程项目的建成往往需要经过多个不同阶段。各阶段的划分也不是绝对的，各阶段的分界线可以进行适当的调整，各项工作的选择和时间安排根据特定的项目确定。我国的工程项目建设程序分为六个阶段，即项目建议书阶段、可行性研究阶段、设计阶段、建设准备阶段、建设实施阶段和竣工验收阶段。这六个阶段的关系如图 1-1 所示，其中项目建议书阶段和可行性研究阶段称为“前期工作阶段”或决策阶段。

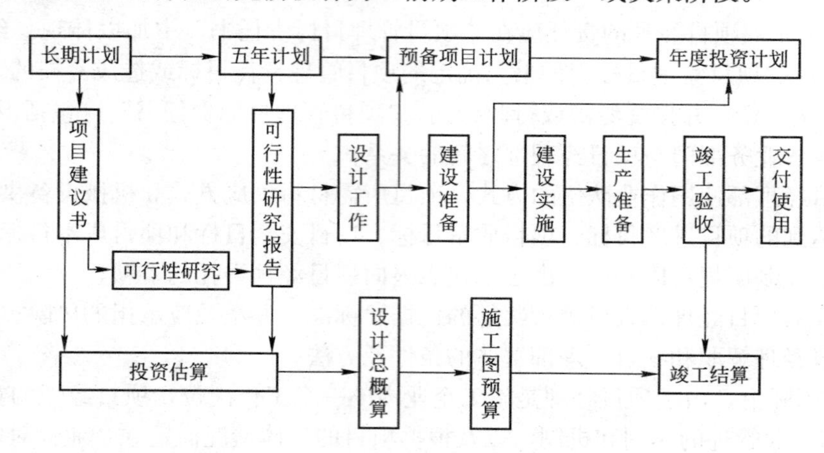

图 1-1 项目建设程序

1. 项目建议书阶段

项目建议书是建设单位申请建设某一建设项目的建议文件，是对建设项目的初步设想。投资者对拟建项目要论证建设的必要性、可行性以及建设的目的、要求、计划等内容，进行报告，建议批准。

2. 可行性研究阶段

在项目建议书批准后，进行可行性研究。可行性研究是对建设项目技术上和经济上(包括微观效益和宏观效益)是否可行而进行科学的分析和论证工作，是技术经济的深入论证阶段，为项目决策提供科学依据。

可行性研究的主要任务是通过多方案比较，提出评价意见，推荐最佳方案，其内容可概括为市场研究、技术研究和经济研究。可行性研究报告经批准后，则作为初步设计的依据，不得随意修改和变更。如果在建设规模、产品方案、建设地区、主要协作关系等方面有变动以及突破投资控制数额时，应经原批准机关同意。按照现行规定，大中型和限额以上项目可行性研究报告经批准后，项目可根据实际需要组成筹建机构，即组建建设单位。但一般改、扩建项目不单独设筹建机构，由原企业负责筹建。

3. 设计工作阶段

一般建设项目进行两阶段设计，即初步设计和施工图设计。技术上比较复杂而又缺乏经验的建设项目，进行三阶段设计，即初步设计、技术设计和施工图设计。

初步设计是根据可行性研究报告的要求所做的具体实施方案，目的是为了阐明在指定地点、时间和投产控制限额内，拟建项目在技术上的可行性、经济上的合理性，并通过对建设项目所做出的基本技术经济规定，编制建设项目总概算。图纸内容包括总平面图、建筑平面图、立面图、剖面图、效果图或模型以及建筑概算书等。

初步设计要遵守可行性研究报告所确定的建设规模、产品方案、工程标准、建设地址和总投资等控制指标。

技术设计是根据初步设计的深化，旨在进一步解决初步设计中的技术问题，如建筑结构技术、建筑构造技术、建筑设备技术等，同时对初步设计进行补充和修正，然后编制修正总概算。

施工图设计在初步设计和技术设计的基础上进行，需完整地表现建筑物外形、内部空间组合及尺度、结构体系、构造做法以及建筑群的组成和周围环境的配合，具体包括总图设计、各个单体的建筑设计、结构设计、设备设计等。施工图设计完成后编制施工图预算。国家规定施工图设计文件应当经有关部门审查。

4. 建设准备阶段

建设准备的主要工作内容包括：征地、拆迁和场地平整；完成施工场地水、电、路、通信等工程；组织设备、材料订货；准备必要的施工图纸；组织施工招标投标，择优选择施工单位。

报批开工报告或申请施工许可证。对于大型项目，按规定进行了建设准备和具备了开工条件以后，建设单位要求开工则须经建设行政部门报批开工报告或申请施工许可证。

5. 建设实施阶段

建设项目经批准开工建设，项目进入了建设实施阶段。这是项目决策的实施、建成投产后发挥投资效益的重要环节。施工活动应按设计要求、合同条款、预算投资、施工程序和顺序、施工组织设计，在保证质量、工期、成本、安全等目标的前提下进行，达到竣工标准要求，经过竣工验收后，移交给建设单位。

在实施阶段还要进行生产准备。生产准备是项目投产前建设单位进行的一项重要工作。它是衔接建设和生产的桥梁，是建设阶段转入生产经营的必要条件。

6. 竣工验收阶段

当建设项目按设计文件规定的内容全部施工完毕后，便可组织竣工验收。这是建设过程的最后一道程序，是投资成果转入生产或使用的标志，是建设单位、设计单位和施工单位向国家汇报建设项目的生产能力或效益、质量、成本、收益等全面情况及交付新增固定资产的过程。竣工验收对促进建设项目及时投产、发挥投资效益及总结建设经验都有重要意义。通过竣工验收，可以检查建设项目实际形成的生产能力或效益，也可避免项目建成后继续消耗建设费用。

第五节　建设工程项目风险管理

一、建设工程项目风险的概念

任何工程项目都存在风险。工程项目作为集经济、技术、管理、组织各方面的综合性社会活动，它在各个方面、各个时间点都存在着不确定性，尤其现代工程项目的特点是规模大、技术新颖、持续时间长、参加单位多、与环境接口复杂，可以说在项目实施过程中危机四伏。这些事先不能确定的内部和外部的干扰因素，人们将它称之为风险因素。风险是项目系统中的不可靠因素，常常会造成工程项目实施的失控，如工期延长、成本增加、质量失控等，最终导致工程经济效益降低，甚至项目失败。

二、建设工程项目风险的特征

工程项目建设活动是一项复杂的系统工程。项目风险是在项目建设这一特定环境下发生的，与项目建设活动及内容紧密相关；项目建设风险及风险分析具有复杂系统的若干特征。

1. 风险的客观性与必然性

在工程项目建设中，无论是自然界的风暴、地震、滑坡灾害还是与人们活动紧密相关的施工技术、施工方案不当造成的风险损失，都是不以人们意志为转移的客观现实。它们的存在与发生，就总体而言是一种必然现象。因自然界的物体运动以及人类社会的运动规律都是客观存在的，表明项目风险的发生也是客观必然的。

2. 工程项目风险的多样性

即在一个工程项目中有许多种类的风险存在，如政治风险、经济风险、法律风险、自然风险、合同风险、合作者风险等。这些风险之间有复杂的内在联系。

3. 工程项目风险在整个项目生命期中都存在，而不仅在实施阶段

例如，在项目的目标设计中，可能存在构思的错误、重要边界条件的遗漏、目标优化的错误；在可行性研究中，可能有方案的失误、调查不完全、市场分析错误；在设计中存在专业不协调、地质不确定、图纸和规范错误；在施工中物价上涨、实施方案不完备、资金缺乏、气候条件变化；在投产运行中，市场发生变化、产品不受欢迎、运行达不到设计能力、操作失误等。

4. 工程项目风险影响的全局性

风险影响常常不是局部的、某一段时间或某一个方面，而是全局性的。例如，反常的气候条件造成工程的停滞，则会影响整个工程项目的后期计划，影响后期所有参与者的工作。它不仅会造成工期延长，而且会造成费用的增加，造成对工程质量的危害。即使是局部的风险，也会随着项目的发展其影响逐渐扩大。如一个活动受到风险干扰，可能影响到与它相关的许多活动，所以，在工程项目中的风险影响，随着时间推移有扩大的趋势。

5. 工程项目风险有一定的规律性

工程项目的环境的变化、项目的实施有一定的规律性，所以风险的发生和影响也有一定的规律性，是可以预测的。

三、工程项目风险的分类

1. 按风险的来源分类

(1) 政治风险

政治风险是一种不确定事件，政治风险通常的表现为政局的不稳定性，战争状态、动乱、政变的可能性，国家的对外关系，政府信用和政府廉洁程度，政策及政策的稳定性，经济的开放程度或排外性，国有化的可能性、国内的民族矛盾、保护主义倾向等。

(2) 经济风险

经济风险系指承包市场所处的经济形势和项目发包国的经济实力及解决经济问题的能力等方面潜在的不确定因素构成的经济领域的可能后果。

经济风险主要构成因素为：国家经济政策的变化，产业结构的调整，银根紧缩；项目的产品的市场变化；项目的工程承包市场、材料供应市场、劳动力市场的变动、工资的提高、物价上涨、通货膨胀速度加快、原材料进口风险、金融风险、外汇汇率的变化等。

（3）法律风险

如法律不健全，有法不依、执法不严，相关法律的内容的变化，法律对项目的干预；可能对相关法律未能全面、正确理解，工程中可能有触犯法律的行为等。

（4）自然风险

如地震、风暴、特殊的未预测到的地质条件如泥石流、河塘、垃圾场、流沙、泉眼等，反常的恶劣的雨、雪天气、冰冻天气，恶劣的现场条件，周边存在对项目的干扰源，工程项目的建设可能造成对自然环境的破坏，不良的运输条件可能造成供应的中断。

（5）社会风险

包括宗教信仰的影响和冲击、社会治安的稳定性、社会的禁忌、劳动者的文化素质、社会风气等。

2. 按风险的直接行为主体分类

从项目组织角度出发进行风险因素的分类：

（1）业主和投资者

例如：业主的支付能力差，企业的经营状况恶化，资信不好，企业倒闭，撤走资金，或改变投资方向，改变项目目标；业主违约、苛求、刁难、随便改变主意，但又不赔偿，错误的行为和指令，非程序地干预工程；业主不能完成他的合同责任，如不及时供应他负责的设备、材料，不及时交付场地，不及时支付工程款。

（2）承包商(分包商、供应商)

例如：技术能力和管理能力不足，没有适合的技术专家和项目经理，不能积极地履行合同，由于管理和技术方面的失误，造成工程中断；没有得力的措施来保证进度、安全和质量要求；财务状况恶化，无力采购和支付工资，企业处于破产境地；工作人员罢工、抗议或软抵抗；错误理解业主意图和招标文件，方案错误，报价失误，计划失误；设计承包商设计错误，工程技术系统之间不协调、设计文件不完备、不能及时交付图纸，或无力完成设计工作。

（3）项目管理者(如监理工程师)

例如：项目管理者的管理能力、组织能力、工作热情和积极性、职业道德、公正性差；管理风格、文化偏见，可能会导致项目管理者不正确地执行合同，在工程中苛刻要求；在工程中起草错误的招标文件、合同条件，下达错误的指令。

（4）其他方面

例如：中介人的资信、可靠性差；政府机关工作人员、城市公共供应部门(如水、电等部门)的干预、苛求和个人需求；项目周边或涉及的居民或单位的干预、抗议或苛刻的要求等。

3. 按风险对目标的影响分类

按照项目的目标系统结构进行分类：

（1）工期风险。即造成局部的(工程活动、分项工程)或整个工程的工期延长，不能及时投产。

（2）费用风险。包括：财务风险、成本超支、投资追加、报价风险、收入减少、投资回收期延长或无法收回、回报率降低。

（3）质量风险。包括材料、工艺、工程不能通过验收、工程试生产不合格、经过评价工程质量未达标准。

(4) 生产能力风险。项目建成后达不到设计生产能力，可能是由于设计、设备问题，或生产原材料、能源、水、电供应问题。

(5) 市场风险。工程建成后产品未达到预期的市场份额，销售不足，没有销路，没有竞争。

(6) 信誉风险。即造成对企业形象，企业信誉的损害。

(7) 人身伤亡，工程或设备的损坏。

(8) 法律责任。即可能被起诉或承担相应法律的或合同的处罚。

4. 按工程项目管理的过程分类

在工程项目的各个阶段都存在着风险，从时间的过程性角度出发来分析可分为：

(1) 高层战略风险，如指导方针、战略思想可能有错误而造成项目目标设计错误。

(2) 环境调查和预测的风险。

(3) 决策风险，如错误的选择、错误的投标决策、报价等。

(4) 项目策划风险。

(5) 技术设计风险。

(6) 计划风险。包括对目标(任务书，合同招标文件)理解错误，合同条款不准确、不严密、错误、歧义性，过于苛刻的单方面约束性的、不完备的条款，方案错误、报价(预算)错误、施工组织措施错误。

(7) 实施控制中的风险。实施控制的风险有如下内容：

1) 合同风险。合同未履行，合同伙伴争执，责任不明，产生索赔要求。

2) 供应风险。如供应拖延、供应商不履行合同、运输中的损坏以及在工地上的损失。

3) 新技术新工艺风险。

4) 由于分包层次太多，造成计划执行和调整实施控制的困难。

5) 工程管理失误。

(8) 运营管理风险。如准备不足，无法正常营运，销售渠道不畅，宣传不力等。

四、建设工程的风险管理过程

风险管理就是一个识别、确定和度量风险，并制定、选择和实施风险处理方案的过程。建设工程的风险管理是指参与工程项目建设的各方，包括发包方、承包方和勘察、设计、监理咨询单位在工程项目的筹划、勘察设计、工程施工及竣工后投入使用各阶段采取的辨识、评估、处理工程项目风险的措施和方法。其管理过程包括风险识别、风险评价、风险对策决策、实施决策、检查五方面内容。

1. 风险识别

风险识别是风险管理中的首要步骤，是指通过一定的方式，系统而全面地识别出影响建设工程目标实现的风险事件并加以适当归类的过程，必要时，还需对风险事件的后果作出定性的估计。

由于建设工程风险识别的方法与风险管理理论中提出的一般的风险识别方法有所不同，因而其风险识别的过程也有所不同。建设工程的风险识别往往是通过对经验数据的分析、风险调查、专家咨询以及实验论证等方式，在对建设工程风险进行多维分解的过程中，认识工程风险，建立工程风险清单。

(1) 专家调查法

这种方法又有两种方式：一种是召集有关专家开会，让专家各抒己见，充分发表意见，起到集思广益的作用；另一种是采用问卷式调查，各专家不知道其他专家的意见。采用专家调查法时，所提出的问题应具有指导性和代表性，并具有一定的深度，还应尽可能具体些。专家所涉及的面应尽可能广泛些，有一定的代表性。对专家发表的意见要由风险管理人员加以归纳分类、整理分析，有时可能要排除个别专家的个别意见。

(2) 财务报表法

财务报表有助于确定一个特定企业或特定的建设工程可能遭受哪些损失以及在何种情况下遭受这些损失。通过分析资产负债表、现金流量表、营业报表及有关补充资料，可以识别企业当前的所有资产、责任及人身损失风险。将这些报表与财务预测、预算结合起来，可以发现企业或建设工程未来的风险。

采用财务报表法进行风险识别，要对财务报表中所列的各项会计科目作深入的分析研究，并提出分析研究报告，以确定可能产生的损失，还应通过一些实地调查以及其他信息资料来补充财务记录。由于工程财务报表与企业财务报表不尽相同，因而需要结合工程财务报表的特点来识别建设工程风险。

(3) 流程图法

将一项特定的生产或经营活动按步骤或阶段顺序以若干个模块形式组成一个流程图系列，在每个模块中都标出各种潜在的风险因素或风险事件，从而给决策者一个清晰的总体印象。一般来说，对流程图中各步骤或阶段的划分比较容易，关键在于找出各步骤或各阶段不同的风险因素或风险事件。

(4) 初始清单法

如果对每一个建设工程风险的识别都从头做起，至少有以下三方面缺陷：一是耗费时间和精力多，风险识别工作的效率低；二是由于风险识别的主观性，可能导致风险识别的随意性，其结果缺乏规范性；三是风险识别成果资料不便积累，对今后的风险识别工作缺乏指导作用。因此，为了避免以上缺陷，有必要建立初始风险清单。

建立建设工程的初始风险清单有两种途径：

常规途径是采用保险公司或风险管理学会(或协会)公布的潜在损失一览表，即任何企业或工程都可能发生的所有损失一览表。以此为基础，风险管理人员再结合本企业或某项工程所面临的潜在损失对一览表中的损失予以具体化，从而建立特定工程的风险一览表。我国至今尚没有这类一览表，即使在发达国家，一般也都是对企业风险公布潜在损失一览表，对建设工程风险则没有这类一览表。因此，这种潜在损失一览表对建设工程风险的识别作用不大。

通过适当的风险分解方式来识别风险是初始风险清单法的有效途径。对于大型、复杂的建设工程，首先将其按单项工程、单位工程分解，再对各单项工程、单位工程分别从时间维、目标维和因素维进行分解，可以较容易地识别出建设工程主要的、常见的风险。从初始风险清单的作用来看，因素维仅分解到各种不同的风险因素是不够的，还应进一步将各风险因素分解到风险事件。

初始风险清单只是为了便于人们较全面地认识风险的存在，而不至于遗漏重要的工程风险，但并不是风险识别的最终结论。在初始风险清单建立后，还需要结合特定建设工程的具体情况进一步识别风险，从而对初始风险清单做一些必要的补充和修正。为此，需要参照同类建设工程风险的经验数据(若无现成的资料，则要多方收集)或针对具体建设工程的特点进行风险调查。

(5) 经验数据法

经验数据法也称为统计资料法，即根据已建各类建设工程与风险有关的统计资料来识别拟建建设工程的风险。不同的风险管理主体都应有自己关于建设工程风险的经验数据或统计资料。在工程建设领域，可能有工程风险经验数据或统计资料的风险管理主体包括咨询公司(含设计单位)、承包商以及长期有工程项目的业主(如房地产开发商)。由于这些不同的风险管理主体的角度不同、数据或资料来源不同，其各自的初始风险清单一般多少有些差异。但是，建设工程风险本身是客观事实，有客观的规律性，当经验数据或统计资料足够多时，这种差异性就会大大减小。何况，风险识别只是对建设工程风险的初步认识，还是一种定性分析，因此，这种基于经验数据或统计资料的初始风险清单可以满足对建设工程风险识别的需要。

(6) 风险调查法

由风险识别的个别性可知，两个不同的建设工程不可能有完全一致的工程风险。因此，在建设工程风险识别的过程中，花费人力、物力、财力进行风险调查是必不可少的，这既是一项非常重要的工作，也是建设工程风险识别的重要方法。

风险调查应当从分析具体建设工程的特点入手，一方面对通过其他方法已识别出的风险(如初始风险清单所列出的风险)进行鉴别和确认，另一方面，通过风险调查有可能发现此前尚未识别出的重要的工程风险。

通常，风险调查可以从组织、技术、自然及环境、经济、合同等方面分析拟建建设工程的特点以及相应的潜在风险。

风险调查并不是一次性的。由于风险管理是一个系统的、完整的循环过程，因而风险调查也应该在建设工程实施全过程中不断地进行，这样才能了解不断变化的条件对工程风险状态的影响。当然，随着工程实施的进展，不确定性因素越来越少，风险调查的内容亦将相应减少，风险调查的重点有可能不同。

对于建设工程的风险识别来说，仅仅采用一种风险识别方法是远远不够的，一般都应综合采用两种或多种风险识别方法，才能取得较为满意的结果。而且，不论采用何种风险识别方法组合，都必须包含风险调查法。

2. 风险评价

风险评价是将建设工程风险事件的发生可能性和损失后果进行定量化的过程。这个过程在于系统地识别建设工程风险，与合理地做出风险对策决策之间起着重要的桥梁作用。风险评价的结果主要在于确定各种风险事件发生的概率及其对建设工程目标影响的严重程度，如投资增加的数额、工期延误的天数等。

3. 风险对策决策

风险对策决策是确定建设工程风险事件最佳对策组合的过程。一般来说，风险管理中所运用的对策有以下四种：风险回避、损失控制、风险自留和风险转移。这些风险对策的适用对象各不相同，需要根据风险评价的结果，对不同的风险事件选择最适宜的风险对策，从而形成最佳的风险对策组合。

（1）风险回避

风险回避就是以一定的方式中断风险源，使其不发生或不再发展，从而避免可能产生的潜在损失。例如，某建设工程的可行性研究报告表明，虽然从净现值、内部收益率指标看是可行的，但敏感性分析的结论是对投资额、产品价格、经营成本均很敏感，这意味着该建设工程的不确定性很大，亦即风险很大，因而决定不投资建造该建设工程。

采用风险回避这一对策时，有时需要做出一些牺牲，但较之承担风险，这些牺牲比风险真正发生时可能造成的损失要小得多。例如，某投资人因选址不慎原决定在河谷建造某工厂，而保险公司又不愿为其承担保险责任。当投资人意识到在河谷建厂将不可避免地受到洪水威胁，且又别无防范措施时，只好决定放弃该计划。虽然他在建厂准备阶段耗费了不少投资，但与其厂房建成后被洪水冲毁，不如及早改弦易辙，另谋理想的厂址。又如，某承包商参与某建设工程的投标，开标后发现自己的报价远远低于其他承包商的报价，经仔细分析发现，自己的报价存在严重的误算和漏算，因而拒绝与业主签订施工合同。虽然这样做将被没收投标保证金或投标保函，但比承包后严重亏损的损失要小得多。

在采用风险回避对策时需要注意以下问题：

首先，回避一种风险可能产生新的风险。

其次，回避风险的同时也失去了从风险中获益的可能性。

再次，回避风险可能不实际或不可能。

总之，虽然风险回避是一种必要的、有时甚至是最佳的风险对策，但应该承认这是一种消极的风险对策。如果处处回避，事事回避，其结果只能是停止发展，直至停止生存。因此，应当勇敢地面对风险，这就需要适当运用风险回避以外的其他风险对策。

（2）损失控制

损失控制是一种主动、积极的风险对策。损失控制可分为预防损失和减少损失两方面工作。预防损失措施的主要作用在于降低或消除（通常只能做到减少）损失发生的概率，而减少损失措施的作用在于降低损失的严重性或遏制损失的进一步发展，使损失最小化。一般来说，损失控制方案都应当是预防损失措施和减少损失措施的有机结合。

（3）风险自留

风险自留就是将风险留给自己承担，是从企业内部财务的角度应对风险。风险自留与其他风险对策的根本区别在于，它不改变建设工程风险的客观性质，即既不改变工程风险的发生概率，也不改变工程风险潜在损失的严重性。

风险自留可分为非计划性风险自留和计划性风险自留两种类型。

1）非计划性风险自留

由于风险管理人员没有意识到建设工程某些风险的存在，或者不曾有意识地采取有效措施，以致风险发生后只好由自己承担。这样的风险自留就是非计划性的和被动的。导致非计划性风险自留的主要原因有：缺乏风险意识，风险识别失误，风险评价失误，风险决策延误，风险决策实施延误。

2）计划性风险自留

计划性风险自留是主动的、有意识的、有计划的选择，是风险管理人员在经过正确的风险识别和风险评价后做出的风险对策决策，是整个建设工程风险对策计划的一个组成部分。

计划性风险自留应预先制订损失支付计划，常见的损失支付方式有以下几种：从现金净收入中支出，建立非基金储备，自我保险，母公司保险。

（4）风险转移

风险转移是建设工程风险管理中非常重要而且广泛应用的一项对策，分为非保险转移和保险转移两种形式。

1）建设工程风险最常见的非保险转移有以下三种情况：

① 业主将合同责任和风险转移给对方当事人。

② 承包商进行合同转让或工程分包。

③ 第三方担保。

2）保险转移

保险转移通常直接称为保险，对于建设工程风险来说，则为工程保险。

4. 实施决策

对风险对策所作出的决策还需要进一步落实到具体的计划和措施，例如，制订预防计划、灾难计划、应急计划等；又如，在决定购买工程保险时，要选择保险公司，确定恰当的保险范围、免赔额、保险费等。

5. 检查

在建设工程实施过程中，要对各项风险对策的执行情况不断地进行检查，并评价各项风险对策的执行效果；在工程实施条件发生变化时，要确定是否需要提出不同的风险处理方案。除此之外，还需要检查是否有被遗漏的工程风险或者发现新的工程风险，也就是进入新一轮的风险识别，开始新一轮的风险管理过程。

第二章　招投标与合同管理

第一节　合　同　概　述

一、合同的有关概念

1. 合同

合同是指具有平等民事主体资格的当事人，为了达到一定的目的，经过双方协商，自愿、平等地就双方的权利、义务达成一致的协议。

根据合同产生的原因不同，主要有以下几种合同：买卖合同、赠与合同、借款合同、租赁合同、融资租赁合同、承揽合同、运输合同、建设工程合同、技术合同、保管合同、仓储合同、委托合同、行纪合同、居间合同、代理合同等。就建筑业而言，建设工程合同主要包括勘察设计合同、施工合同、监理合同、物资采购合同、物资租赁合同、工程保险合同等。

2. 合同的订立

合同在订立时一定要明确合同的形式和内容。

(1) 合同形式

合同的形式是当事人意思表示一致的外在表现形式。一般认为，合同的形式可分为书面形式、口头形式和其他形式。口头形式是以口头语言形式表现合同内容的合同。书面形式是指合同书、信件和数据电文(包括电报、电传、传真、电子数据交换和电子邮件)等可以有形地表现所载内容的形式。其他形式则包括公证、审批、登记等形式。建设工程合同一般采用的是书面形式。

(2) 合同的内容

合同的内容由当事人约定，这是合同自由的重要体现。《合同法》规定了合同一般应当包括的条款，但具备这些条款不是合同成立的必备条件。建设工程合同也应当包括这些内容，但由于建设工程合同往往比较复杂，合同中的内容往往并不全部在狭义的合同文本中，如有些内容反映在工程量表中，有些内容反映在当事人约定采用的质量标准中。

1) 当事人的名称(姓名)和住所

合同当事人指签订合同的各方，是合同的权利、义务的主体，包括自然人、法人、其他组织。明确合同主体，对了解合同当事人的基本情况、合同的履行和确定诉讼管辖具有重要的意义。自然人就是公民，自然人的住所就是公民的经常居住地。法人和其他组织的名称是指经登记主管机关核准登记的名称，法人和其他组织的住所是指它们的主要营业地或者主要办事机构所在地。对建设工程，除了有上面的要求外，根据《建筑法》，合同的当事人还有一些特殊的要求，如要求施工企业作为承包人时必须具有相应的资质等级、专业类别。

2）标的

标的是合同当事人双方权利和义务共同指向的对象。标的是合同最本质的特征。标的的表现形式为物（如材料、机械）、劳务、行为（如工程承包）、智力成果（如专利、商标、专有技术）、工程项目等。施工合同的标的，就是完成工程项目。

3）数量

数量是衡量合同标的多少的尺度，以数字和计量单位表示。没有数量或数量的规定不明确，当事人双方权利义务的多少，合同是否完全履行都无法确定，所以必须严格按照国家规定的法定计量单位填写，以免当事人产生不同的理解。施工合同中的数量主要体现的是工程量的大小。

4）质量

质量是标的的内在品质和外观形态的综合指标。合同签订时，必须明确质量标准；合同对质量标准的约定应当准确而具体。标准有强制性和推荐性之分，对于强制性标准，当事人必须执行，合同约定的质量不得低于该强制性标准；对于推荐性标准，国家鼓励采用。当事人没有约定质量标准，如果有国家标准的，则依国家标准执行；如果没有国家标准的，则依行业标准执行；没有行业标准的，则依地方标准执行；没有地方标准的，则依企业标准执行。

5）价款或者报酬

价款或者报酬是当事人的一方向另一方交付标的或支付的货币。标的物的价款由当事人双方协商。它们必须符合国家的物价政策，合同条款中应写明有关银行结算和支付方法的条款。价款或者报酬在勘察、设计合同中表现为勘察、设计费，在监理合同中则体现为监理费，在施工合同中则体现为工程款。

6）履行的期限、地点和方式

履行的期限是指从合同生效到合同结束的时间。履行的地点是指当事人交付标的和支付价款或酬金的地点，包括标的物的交付、提取地点；价款或劳务的结算地点；施工合同的履行地点。履行的方式是指当事人完成合同规定义务的具体方法，包括标的的交付方式和价款或酬金的结算方式。履行的期限、地点和方式是确定合同当事人是否适当履行合同的依据。

7）违约责任

违约责任是任何一方当事人不履行或者不适当履行合同规定的义务而应当承担的责任。当事人可以在合同中约定，一方违反合同时，必须向另一方支付一定数额的违约金。

8）解决争议的方法

在合同履行过程中不可避免地会产生争议，为使争议发生后能够有一个双方都能接受的解决方法，应当在合同条款中作出规定。解决争议的方式有：和解、调解、仲裁、诉讼。

3．合同的生效

（1）合同生效应当具备的条件

合同生效是指合同对双方当事人的法律约束力的开始。合同成立后，必须具备相应的法律条件才能生效，否则合同是无效的。合同生效应当具备下列条件：

1）当事人具有相应的民事权利能力和民事行为能力

订立合同的人应当具有相应的民事权利能力和民事行为能力，即主体要合法。对自然人而言，民事权利能力始于出生，完全民事行为能力人可以订立一切法律允许自然人作为合同主体的合同。法人和其他组织的权利能力就是他们的经营、活动范围，民事行为能力则与他们的权利能力相一致。

在建设工程合同中，合同当事人一般都应当具有法人资格，并且承包人还应当具备相应的资质等级，否则，当事人就不具有相应的民事权利能力和民事行为能力，订立的建设工程合同无效。

2）意思表示真实

合同是当事人意思表示一致的结果，因此，当事人的意思表示必须真实。但是，意思表示真实是合同的生效条件而非合同的成立条件。意思表示不真实包括意思与表示不一致、不自由的意思表示两种。含有意思表示不真实的合同是不能取得法律效力的。如建设工程合同的订立，一方采用欺诈、胁迫的手段订立的合同，就是意思表示不真实的合同，这样的合同就欠缺生效的条件。

3）合同的内容和活动符合法律、法规的要求

合同的内容和活动不违反法律或者社会公共利益，是合同有效的重要条件。所谓不违反法律或者社会公共利益，是就合同的目的和内容而言的。合同的目的，是指当事人订立合同的直接内心原因；合同的内容，是指合同中的权利义务及其指向的对象。不违反法律或者社会公共利益，实际是对合同自由的限制。

（2）合同的生效时间

1）合同生效时间的一般规定

一般说来，依法成立的合同，自成立时生效。口头合同自受要约人承诺时生效；书面合同自当事人双方签字或者盖章时生效；法律规定应当采用书面形式的合同，当事人虽然未采用书面形式但已经履行全部或者主要义务的，可以视为合同有效。

2）附条件和附期限合同的生效时间

当事人可以对合同生效约定附条件或者约定附期限。附条件的合同，包括附生效条件的合同和附解除条件的合同两类。附生效条件的合同，自条件成就时生效；附解除条件的合同，自条件成就时失效。

附条件合同的成立与生效不是同一时间，合同成立后虽然并未开始履行，但任何一方不得撤销要约和承诺，否则应承担缔约过失责任，赔偿对方因此而受到的损失；合同生效后，当事人双方必须履行合同约定的义务，如果不履行或未正确履行义务，应按违约责任条款的约定追究责任。一方不正当地阻止条件成就，视为合同已生效，同样要追究其违约责任。

4．合同的履行、变更和转让

（1）合同的履行

合同履行，是指合同各方当事人按照合同的规定，全面履行各自的义务，实现各自的权利，使各方的目的得以实现的行为。

（2）合同的变更

合同变更是指当事人对已经发生法律效力，尚未履行或者尚未完全履行的合同，进行修改或补充所达成的协议。《合同法》规定，当事人协商一致的可以变更合同。

合同变更必须针对有效的合同，协商一致是合同变更的必要条件，任何一方都不得擅自变更合同。

有效的合同变更必须要有明确的合同内容的变更。如果当事人对合同的变更约定不明确，视为没有变更。

(3) 合同的转让

合同转让是指合同一方将合同的权利、义务全部或部分转让给第三人的法律行为。它包括债权转让、债务承担、合同的权利义务同时转让。

5. 合同的终止

合同权利义务的终止也称合同终止，指当事人之间根据合同确定的权利义务在客观上不复存在，据此合同不再对双方具有约束力。按照《合同法》的规定，有下列情形之一的，合同的权利义务终止：①债务已经按照约定履行；②合同解除；③债务相互抵消；④债务人依法将标的物提存；⑤债权人免除债务；⑥债权债务同归于一人；⑦法律规定或者当事人约定终止的其他情形。

6. 合同争议的解决

合同争议也称合同纠纷，是指合同当事人对合同规定的权利和义务产生了不同的理解。合同争议的解决方式有和解、调解、仲裁、诉讼四种。在这四种解决争议的方式中，和解和调解的结果没有强制执行的法律效力，要靠当事人的自觉履行。

(1) 和解

和解是指合同纠纷当事人在自愿友好的基础上，互相沟通、互相谅解，从而解决纠纷的一种方式。合同发生纠纷时，当事人应首先考虑通过和解解决纠纷。事实上，在合同的履行过程中，绝大多数纠纷都可以通过和解解决。它具有简便易行，以最快的速度解决纠纷，有利于维护合同双方的友好合作关系等优点。

(2) 调解

调解，是指合同当事人对合同所约定的权利、义务发生争议，不能达成和解协议时，在经济合同管理机关或有关机关、团体等的主持下，通过对当事人进行说服教育，促使双方互相作出适当的让步，平息争端，自愿达成协议，以求解决经济合同纠纷的方法。

合同纠纷的调解往往是当事人经过和解仍不能解决纠纷后采取的方式，因此与和解相比，它面临的纠纷要大一些。调解的优点：它能够较经济、较及时地解决纠纷；有利于消除合同当事人的对立情绪，维护双方的长期合作关系。

(3) 仲裁

仲裁，亦称"公断"，是当事人双方在争议发生前或争议发生后达成协议，自愿将争议交给第三者作出裁决，并负有自动履行义务的一种解决争议的方式。这种争议解决方式必须在签订合同时事先选择好双方均认可的仲裁机构。争议发生后又无法通过和解和调解方式解决的，则应将争议及时提交仲裁机构仲裁。

(4) 诉讼

诉讼，是指合同当事人依法请求人民法院行使审判权，审理双方之间发生的合同争议，作出有国家强制保证实现其合法权益，从而解决纠纷的审判活动。合同双方当事人如果未约定仲裁机构的，则只能向法院提起诉讼。

二、建设工程合同

建设工程合同是一种诺成合同，合同订立生效后双方应当严格履行。同时，它也是一种双向、有偿合同，当事人双方在合同中都有各自的权利和义务，在享有权利的同时必须履行义务。建设工程合同可以从不同的角度分类。

(1) 按承发包的范围和数量分类。一般将建设工程合同分为建设工程总承包合同、建设工程承包合同、分包合同。

(2) 按完成承包的内容分类。一般将建设工程合同分为建设工程勘察合同、建设工程设计合同、建设工程施工合同。

(3) 按计价方式分类。业主与承包商所签订的合同，按支付方式的不同，可以划分为总价合同、单价合同和成本加酬金合同三大类型。

第二节 建设工程的承发包模式

招标承包制是建筑业工程产品交易的基本方式，业主根据工程的特点和施工条件等选择合适的承包商来承担工程建设的一种模式。其中，发包方处于主导地位，承包方必须适应发包方的要求参与交易过程，并以自己的实力和信誉获取承包权。

一、总承包模式

施工总承包是业主将一项工程的施工安装任务，全部发包给一家资质符合要求的施工企业，他们之间签订施工总承包合同，以明确双方的责任、义务和权限。而总承包施工企业，在法律规定许可的范围内，可以将工程按部位或专业进行分解后，再分别发包给一家或多家经营资质、信誉等条件被业主(发包方)或其(监理)工程师认可的分包商。其合同结构如图 2-1 所示。

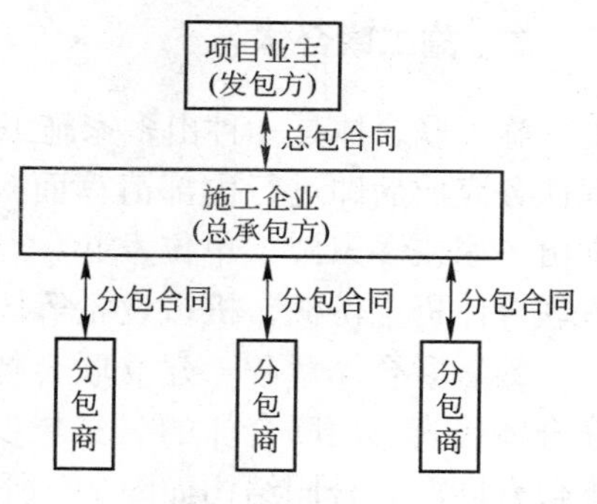

图 2-1 总承包合同结构示意图

总承包关系的合约过程，一般有两种做法，一种是总承包施工单位在工程投标前，即找好自己的分包合作伙伴，或专业分包或按部位综合分包，根据业主方发放的招标文件，委托所联络的分包商提出相关部分的标书报价，经协商达成合作意向后，总包方将各分包商的相关报价进行综合汇总，编制总承包投标报价表。一旦总承包方中标取得总承包合同，总分包双方再根据事先的协商意向和条件在总承包合同条件的指导和约束下，签订分包合同。另一种做法是，总承包方先自行参与投标取得总承包合同之后，根据合同条件着手制订施工基本方针和管理目标，即质量、成本、工期和安全目标，然后通过编制详尽的施工组织设计文件，按照最经济合理的施工方案编制施工预算，确定工程各部分目标成本的预算价值，在此基础上将拟分包的部分，委托被联络的分包商，一般两家以上，提出分包价格，经过价格、能力、信誉等条件的比较，择优录用签订分包合同。

以上两种做法，一般说总承包单位以施工管理，协调为主，承担部分自行施工任务，其他绝大部分靠分包完成的情况下采用第一种做法。如果总承包的主要工程靠自行施工，部分工程或专业施工靠分包协作完成，通常采用第二种做法。

施工总承包体制，是建筑业采用最多的工程施工组织模式，主要有以下几方面特点。

(1) 对工程发包方来说，合同结构简单。业主对施工的要求全部反映在施工总承包合同文件中，由总承包方对施工工程的质量、工期和安全全面负责。发包方在整个施工过程中的组织管理和协调比较简单，通俗地称之为交钥匙式的施工发包。当然，在推行建设监理制条件下，业主采用施工总承包方式，仍然需要根据有关规定委托监理单位对施工全过程实施工程监理。

(2) 对工程承包方来说，施工的责任大、风险大，但施工组织与管理的自主性也大，只要能充分发挥自身的技术和管理综合能力，施工效益的潜力也大。施工总承包企业的资质和能力是在长期工程经营中形成的。除了技术和管理优势之外，还体现在拥有雄厚的资本实力能够承担总承包的施工风险。

(3) 施工总承包体制，有利于以总承包为核心，从工程特点出发进行施工作业队伍的优选和组合，有利于施工部署的动态推进。

(4) 施工总承包方式，相对于分别发包或平行承发包方式，对发包方控制工程造价比较有利。只要在招标和合约过程能够将发包条件、工程造价及其计价依据和支付方式描述清楚，合同谈判中经过充分协商，双方认定承发包的条件、责任和权益，且在施工过程中不涉及合同条件以外的工程变更和调整，承包总价一般是一次定死。在这种情况下，施工过程存在的风险，由总承包方进行预测分析，并采取一切可能的抗风险措施和手段，力求在造价不变的情况下，通过降低工程成本而提高施工经营的经济效益。

二、施工联合体

施工联合体是一种由多家施工企业为承建某项工程而成立的组织机构，简称JV。工程任务完成后即进行内部清算而解体。施工联合体通常由一家或多家施工单位发起，经过协商确定各自投入联合体资金份额、机械设备等固定资产数量及人员等，签署联合体章程，建立联合体的组织机构，产生联合体代表。用联合体的名义与工程发包方签订施工承包合同。其合同结构如图2-2所示。

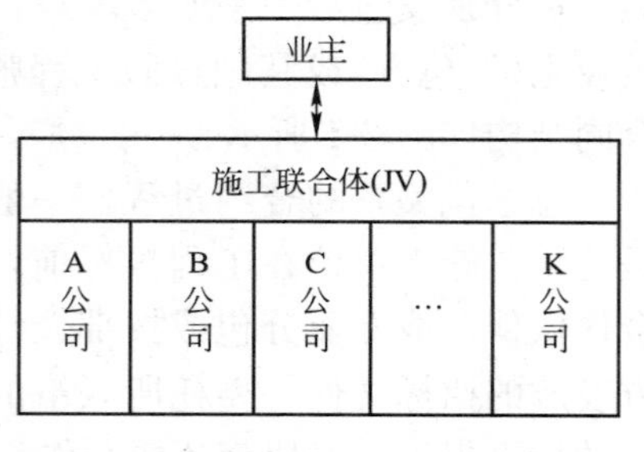

图2-2　施工联合体合同结构示意图

施工联合体的工程承包方式，在国际上应用广泛，它具有以下几个显著特点：

(1) 联合体可以集中各成员单位在资金、技术、管理等方面的优势，克服单一施工企业力不能及的困难，在实力上取得承包资格和业主的信任，增强抗风险能力。

(2) 联合体有自己按照各方参与联合体的合同及组建章程产生的组织机构和代表，可以实行工程的统一经营，并按各方的投入比例确定其经济利益和风险承担的程度。可以明确各方的责任、权利和义务。因此，其各方都能关心和重视承建工程经营的成败得失。

(3) 联合承包方式，从合同关系上相同于施工总承包，即以业主为一方，施工联合体为另一方的施工总承包合同关系。因此，对业主而言，合同结构和施工过程的组织、管理、协调同样都比较简单。

(4) 在项目施工进展过程中，若一个成员企业破产，其他成员企业可以共同补充相应的人力、物力、财力，不使工程的进展受到影响，业主不会因此而受到损失。

三、平行承发包模式

平行承发包模式是项目业主把施工任务按照工程的构成特征，划分成若干可独立发包的单元、部位或专业，分别进行招标承包。各施工单位分别与发包方签订承包合同，独立组织施工，相互为平行关系，其合同结构如图 2-3 所示。

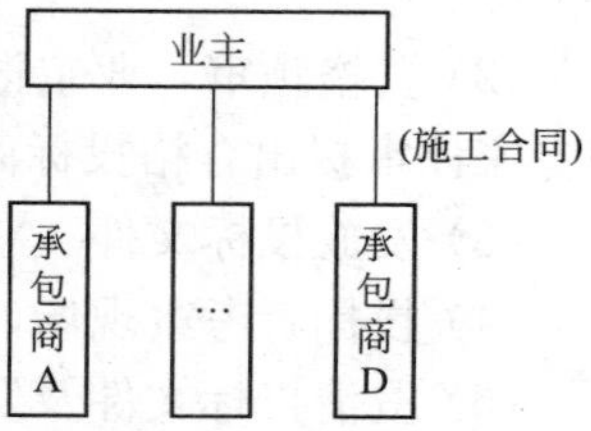

施工平行承发包模式有以下几方面特点：

(1) 工程项目施工可以在总体统筹规划的前提下，根据发包任务的分解情况，只要具备发包条件，主要是场地、施工图纸和建设资金，就可以分别独立招标发包，以增加工程项目实施阶段设计和施工搭接程度，缩短项目的建设周期。

业主
(施工合同)
承包商A | … | 承包商D

图 2-3 施工平行承发包结构示意图

(2) 平行承发包由于每项发包合同是相互独立的，增加了业主组织管理的工作量。业主面向多个施工企业，施工过程的穿插、配合和协调，有时表现得十分复杂，各施工单位从自身有利的情况去考虑自己的施工安排，但施工条件或工作面的形成往往又取决于其他施工单位的实际进度和施工质量。矛盾的克服或解决，需要一方或多方予以配合甚至利益上的必要让步。这种情况往往造成业主方管理的困难。

(3) 由于工程采取平行发包，对业主来说，控制项目总投资既有有利的一面也有不利的一面。有利的一面是对每一份发包合同都可以及时总结经验，以指导下一次招标过程投资控制；不利的一面是如果整个招标过程总延续时间较长，整个项目的总发包价要到最后一份合同签订时才能知道，对投资总目标的控制将造成一定的被动性。

(4) 由于平行承发包，相对总承包而言，每项发包的施工任务工作量小。因此，适应于不具备总承包管理能力的一般中小企业。

第三节 建设工程的招标与投标

一、建设工程项目施工招标程序

《中华人民共和国招标投标法》规定了招标投标的六个程序为：招标、投标、开标、评标、定标和订立合同。建设工程招标过程参照国际招投标惯例，整个招标程序划分为招标的准备、招标的实施和定标签约三个阶段。招投标是一个整体活动，涉及业主和承包商两个方面，招标作为整体活动的一部分主要是从业主的角度揭示其工作内容，但同时又必须注意到招标与投标活动的关联性，不能将两者割裂开来。

1. 招标准备阶段

从办理招标申请开始到发出招标广告或邀请招标函为止的时间段，主要工作有以下几方面：

(1) 申请批准招标，主要是由业主向建设主管部门的招标管理机构提出招标申请。

(2) 组建招标机构。

(3) 选择招标方式，主要由业主确定分标段数量、合同类型及确定招标方式。

(4) 准备招标文件，此时业主可发布招标广告。

(5) 编制标底，由业主或有资质的造价咨询单位编制，且由有关部门进行标底审核。

2. 招标阶段

从发布招标广告之日起到投标截止之日的时间段。主要工作有以下几方面：

(1) 发布承包商参加资格预审并刊登资格预审广告，编制资格预审文件，发放资格预审文件。

(2) 资格预审，业主根据收到的资格预审文件分析资格预审材料、现场考察，最后组织专家评审提出合格投标商名单，发出投标邀请书邀请合格投标商参加投标。

(3) 发放投标文件。

(4) 投标者考察现场，安排现场踏勘日期及现场介绍。

(5) 澄清投标文件及发放补遗书。

(6) 投标者提问。

(7) 投标书的提交和接收。

3. 决标成交阶段

从开标之日起到与中标人签订承包合同为止的时间段。

(1) 开标。

(2) 评标：初评标，要求投标商提交澄清资料，召开澄清会议，编写评标报告，做出授标决定。

(3) 授标：发出中标通知书，要求中标商提交履约保函，合同谈判，准备合同文件，签订合同，通知未中标者，并退回投标保函。

二、建设工程项目施工投标程序

(1) 获取招标信息。

(2) 投标决策。

(3) 申报资格预审(若资格预审未通过到此结束)。

(4) 购买招标文件。

(5) 组织投标班子，选择咨询单位。

(6) 现场勘查。

(7) 计算和复核工程量。

(8) 业主答复问题。

(9) 询价及市场调查。

(10) 制订施工规划。

(11) 制订资金计划。

(12) 投标技巧研究。

(13) 计算定额，确定费率。

(14) 计算单价，汇总投标价。

(15) 投标价评估及调整。

(16) 编制投标文件。

(17) 封送投标书、保函(后期)。

(18) 开标。

(19) 评标(若未中标到此结束)。

(20) 中标。

(21) 办理履约保函。

(22) 签订合同。

三、投标报价

1. 投标报价单的编制

(1) 投标文件的内容应严格按照招标文件的各项要求来编制，一般包括下列内容：

1) 投标函。

2) 法定代表人证书及其签发的委托代理人授权委托书。

3) 投标保证。

4) 投标报价。

5) 施工组织设计或者施工方案。

6) 对招标文件中的合同协议条款内容的确认和响应。

7) 招标文件要求提供的其他材料。

(2) 投标文件编制的要点

1) 要将招标文件研究透彻，重点是投标须知、合同条件清单及图纸。

2) 为编制好投标文件和投标报价，应收集现行定额标准、取费标准及各类标准图集，收集、掌握政策性调价文件以及材料和设备价格情况。

3) 投标人首先应依据招标文件和工程技术规范要求，并结合施工现场情况编制施工方案或施工组织设计。

4) 按照招标文件中规定的各种因素和依据计算报价。并仔细核对，确保准确，在此基础上正确运用报价技巧和策略，采用科学方法做出报价决策。

5) 认真填写招标文件所附的各种投标表格，尤其是需要签章的，一定要按要求完成，否则有可能会因此而导致废标。

6) 投标文件的封装。投标文件编写完成后要按招标文件要求的方式进行分装、贴封、签章。

2. 投标报价的策略

投标策略是指承包商在投标竞争中的指导思想及其参与投标竞争的方式和手段。投标策略作为投标取胜的方式、手段和艺术，贯穿于投标竞争的始终，内容十分丰富。在投标与否、投标项目的选择、投标报价等方面，无不包含投标策略。其中常见的有以下投标报价策略：

(1) 增加建议方案

有时招标文件中规定，可以提一个建议方案，即可以修改原设计方案，提出投标者的方案。投标者应抓住这样的机会，组织一批有经验的设计和施工工程师，对原招标文件的设计和施工方案仔细研究，提出更为合理的方案以吸引业主，促成自己的方案中标。这种新建议方案或是可以降低总造价，或是缩短工期，或是改善工程的功能。建议方案不要写得太具体，要保留方案的技术关键，防止业主将此方案交给其他承包商。同时要强调的是，建议方案一定要比较成熟，有很好的操作性。另外，在编制建议方案的同时，还应组织好对原招标方案的报价。

(2) 多方案报价法

对于一些招标文件，如果发现工程范围不明确，条款不清楚或不很公正，或技术规范要求过于苛刻时，则要在充分估计投标风险的基础上，按多方案报价法处理。即按原招标文件报一个价，然后再提出某某条款作某些变动报价可降低多少，由此可报出一个较低的价。这样可以降低总价，吸引业主。

(3) 突然袭击法

由于投标竞争激烈，为迷惑对方，有意泄漏一点假情报，如制造不打算参加投标，或准备投高价标，或因无利可图不想干的假象。然而投标截止之前，突然前往投标，并压低投标价，从而使对手措手不及而失败。

(4) 无利润算标

缺乏竞争优势的承包商，在不得已的情况下，只能在算标中不考虑利润去夺标。这种办法一般是处于以下条件时采用：

1) 有可能在得标后将大部分工程分包给索价较低的分包商。

2) 对于分期建设的项目，先以低价获得首期工程，目标是创造后期工程的竞争优势，提高中标的可能性。

3) 较长时期内承包商没有在建的工程项目，如果再不得标，就难以维持生存。因此，即使本工程无利可图，只要能维持公司的日常运转，保住队伍不散，就可承接，以图东山再起。

(5) 低价夺标法

这是一种非常手段。如企业大量窝工，为减少亏损；或为打入某一建筑市场；或为挤走竞争对手保住自己的地盘，于是制定亏损标，力争夺标。

第四节 建设工程施工索赔管理

一、施工索赔的概念

索赔是当事人在合同实施过程中，根据法律、合同规定及惯例，对不应由自己承担责任的情况造成的损失，向合同的另一方当事人提出给予赔偿或补偿要求的行为。在工程建设的各个阶段，都有可能发生索赔，但在施工阶段索赔发生较多。

二、施工索赔分类

1. 按索赔的合同依据分类

(1) 合同中明示的索赔

合同中明示的索赔是指承包人所提出的索赔要求，在该工程项目的合同文件中有文字依据，承包人可以据此提出索赔要求，并取得经济补偿。这些在合同文件中有文字规定的合同条款，称为明示条款。

(2) 合同中默示的索赔

合同中默示的索赔，即承包人的该项索赔要求，虽然在工程项目的合同条款中没有专门的文字叙述，但可以根据该合同的某些条款的含义，推断出承包人有索赔权。这种索赔要求，同样有法律效力，有权得到相应的经济补偿。这种有经济补偿含义的条款，在合同管理工作中被称为“默示条款”或称为“隐含条款”。

2. 按索赔目的分类

(1) 工期索赔

由于非承包人责任的原因而导致施工进程延误，要求批准顺延合同工期的索赔，称之为工期索赔。工期索赔形式上是对权利的要求，以避免在原定合同竣工日不能完工时，被发包人追究拖期违约责任。一旦获得批准合同工期顺延后，承包人不仅免除了承担拖期违约赔偿费的严重风险，而且可能提前完工得到奖励。

(2) 费用索赔

费用索赔的目的是要求经济补偿。当施工的客观条件改变导致承包人增加开支，要求对超出计划成本的附加开支给予补偿，以挽回不应由他承担的经济损失。

3. 按索赔事件的性质分类

(1) 工程延误索赔

因发包人未按合同要求提供施工条件，如未及时交付设计图纸、施工现场、道路等，或因发包人指令工程暂停或不可抗力事件等原因造成工期拖延的，承包人对此提出索赔。这是工程中常见的一类索赔。

(2) 工程变更索赔

由于发包人或监理工程师指令增加或减少工程量或增加附加工程、修改设计、变更工程顺序等，造成工期延长和费用增加，承包人对此提出索赔。

(3) 合同被迫终止的索赔

由于发包人或承包人违约以及不可抗力事件等原因造成合同非正常终止，无责任的受害方因其蒙受经济损失而向对方提出索赔。

(4) 工程加速索赔

由于发包人或工程师指令承包人加快施工速度，缩短工期，引起承包商人、财、物的额外开支而提出的索赔。

(5) 意外风险和不可预见因素索赔

在工程实施过程中，因不可抗拒的自然灾害、特殊风险以及一个有经验的承包人通常不能合理预见的不利施工条件或外界障碍，如地下水、地质断层、溶洞、地下障碍物等引起的索赔。

(6) 其他索赔

如因货币贬值、汇率变化、物价、工资上涨、政策法令变化等原因引起的索赔。

三、FIDIC合同条件下的施工索赔

1. 索赔的起因

在施工过程中，引起索赔的原因是很多的，主要如下：

(1) 施工条件变化。土建工程施工与地质条件密切相关，如地下水、断层、溶洞、地下文物遗址等。这些施工条件的变化即使是有经验的承包商也无法事先预料。因此施工条件的异常变化必然会引起施工索赔。

(2) 业主违约。指业主未按规定为承包商施工提供条件，未按规定时限向承包商支付工程款，工程师未按规定时间提供施工图纸、指令或批复，或者由于业主坚持指定的分包商等。

(3) 风险分担不均。这是国际工程承包商受“买方市场”现状制约这一客观事实所决定的。在这种情况下，中标的承包商只有通过施工索赔来适度地减少风险，弥补各种风险引起的损失。这就是工程索赔中承包商的索赔案数远远超过业主反索赔案数的原因。

(4) 工程变更。承包商施工时完成的工程量超过或少于工程量表中所列工程量的15%以上时，或者在施工过程中，工程师指令增加新的工作、改换建筑材料、暂停或加速施工等变更必然引起新的施工费用，或需要延长工期。所有这些情况，承包商都可提出索赔要求，以弥补自己不应承担的经济损失。

(5) 合同缺陷。按FIDIC合同条件，由于合同文件中的错误、矛盾或遗漏，引起支付工程款时的纠纷，由工程师做出解释。但是，如果承包商按此解释施工时引起成本增加或工期拖延时，则属于业主方面的责任，承包商有权提出索赔。

(6) 工期拖延。施工过程中，由于受天气、地质等因素影响，经常出现工期拖延。如果工期拖延的责任在业主方面，承包商就实际支出的计划外施工费提出索赔；如果责任在承包商方面，则应自费采取赶工措施，抢回延误的工期，否则应承担误期损害赔偿费。

(7) 工程所在国家法令变更。如提出进口限制、外汇管制、税率提高等等，都可能引起施工费用增加，按国际惯例，允许给承包商予以补偿。变更的时间标准，是从投标截止日期(一般均为开标日期)之前的第28天开始。

2. 索赔文件的组成部分

按照FIDIC合同条件的规定，在每一索赔事项的影响结束以后，承包商应在28天以内写出该索赔事项的总结性的索赔报告书。承包商应十分重视索赔报告书的编写工作，使自己的索赔报告书充满说服力，逻辑性强，符合实际，论述准确，使阅读者感到合情合理，有根有据，使正当的索赔要求得到应有的妥善处理。索赔报告书包括以下4～5个组成部分。

(1) 总论部分，包括以下具体内容：

1) 序言。

2) 索赔事项概述。

3) 具体索赔要求：工期延长天数或索赔款额。

4) 报告书编写及审核人员。

(2) 合同引证部分。是索赔报告关键部分之一，是索赔成立的基础。一般包括以下内容：

1) 概述索赔事项的处理过程。

2) 发出索赔通知书的时间。

3) 引证索赔要求的合同条款。

4) 指明所附的证据资料。

(3) 索赔额计算部分。是索赔报告书的主要部分，也是经济索赔报告的第三部分。索赔款计算的主要组成部分是：由于索赔事项引起的额外开支的人工费、材料费、施工机械费、工地管理费、总部管理费、投资利息、税收、利润等。每一项费用开支，都应附以相应的证据或单据。并通过详细的论证和计算，使业主和工程师对索赔款的合理性有充分的了解，这对索赔问题的迅速解决十分重要。

(4) 工期延长论证部分。工期索赔报告的第三部分。在索赔报告中论证工期的方法，主要有：横道图表法、关键路线法、进度评估法等。

承包商在索赔报告中，应该对工期延长、实际工期、理论工期等进行详细的论述，说明自己要求工期延长(天数)的根据。

(5) 证据部分。通常以索赔报告书附件的形式出现，它包括该索赔事项所涉及的一切有关证据以及对这些证据的说明。索赔证据资料范围甚广，可能包括施工过程中所涉及的有关政治、经济、技术、财务、气象等许多方面的资料。对于重大的索赔事项，承包商还应提供直观记录资料，如录像、摄影等。

3. 承包商进行索赔的主要依据

为了达到索赔的目的，承包商要进行大量的索赔论证工作，来证明自己拥有索赔的权利，而且所提出的索赔款额是准确的。对于任何施工索赔而言，以下几个方面的资料都是不可缺少的。

(1) 来往信件。如工程师(或业主)的工程变更指令、口头变更确认函、加速施工指令、施工单价变更通知、对承包商问题的书面回答等，这些信函(包括电传、传真资料)都具有与合同文件同等的效力，是结算和索赔的依据。

(2) 招标文件。它是工程项目合同文件的基础，包括通用条件、专用条件、施工技术规程、工程量表、工程范围说明、现场水文地质资料等文本，都是工程成本的基础资料。它们不仅是承包商投标报价的依据，也是索赔时计算附加成本的依据。

(3) 投标报价文件。在投标报价文件中，承包商对各主要工种的施工单价进行了分析计算，对各主要工程量的施工效率和进度进行了分析，对施工所需的设备和材料列出了数量和价值，对施工过程中各阶段所需的资金数额提出了要求等。所有这些文件，在中标及签订施工协议书以后，都成为正式合同文件的组成部分，也成为施工索赔的基本依据。

(4) 施工协议书及其附属文件。在签订施工协议书以前合同双方对于中标价格、施工计划合同条件等问题的讨论纪要文件中，如果对招标文件中的某个合同条款作了修改或解释，则这个纪要就是将来索赔计价的依据。

(5) 会议记录。如标前会议纪要、施工协调会议纪要、施工进度变更会议纪要、施工技术讨论会议纪要、索赔会议纪要等。对于重要的会议纪要，要建立审阅制度，即由做纪要的一方写好纪要稿后，送交对方传阅核签，如有不同意见，可在纪要稿上修改，也可规定一个核签期限(如7天)，如纪要稿送出后7天内不返回核签意见，即认为同意。这对会议纪要稿的合法性是很必要的。

(6) 施工现场记录。主要包括施工日志、施工检查记录、工时记录、质量检查记录、设备或材料使用记录、施工进度记录或者工程照片、录像等。重要的记录，如质量检查、验收记录，还应有工程师派遣的监理员签名。

(7) 工程财务记录。如工程进度款每月支付申请表，工人劳动计时卡和工资单，设备、材料和零配件采购单、付款收据，工程开支月报等。在索赔计价工作中，财务单证十分重要。

(8) 现场气象记录。许多工期拖延索赔与气象条件有关。施工现场应注意记录和收集气象资料，如每月降水量、风力、气温、河水位、河水流量、洪水位、基坑地下水状况等。

(9) 市场信息资料。对于大中型土建工程，一般工期长达数年，对物价变动等报道资料，应系统地收集整理，这对于工程款的调价计算是必不可少的，对索赔亦同等重要。如工程所在国官方出版的物价报道、外汇兑换率行情、工人工资调整等。

(10) 工程所在国家的政策法令文件。如货币汇兑限制指令、调整工资的决定、税收变更指令、工程仲裁规则等。对于重大的索赔事项，承包商还需要聘请律师，专门处理这方面的问题。

四、索赔的一般程序

在合同实施阶段中的每一个施工索赔事项，都应按照国际工程施工索赔的惯例和工程项目合同条件的具体规定，分以下几个步骤进行：提出索赔要求；报送索赔资料；会议协商解决；邀请中间人调解；提交仲裁或诉讼。

对于每一项索赔工作，承包商和业主都应力争通过友好协商的方式解决，不要轻易诉诸仲裁或诉讼。

(1) 提出索赔要求。按照 FIDIC 合同条件的规定，承包商应在索赔事项发生后的 28 天内，向工程师正式书面发出索赔通知书，并抄送业主。否则，将遭业主和工程师的拒绝。

(2) 报送索赔资料。在正式提出索赔要求以后，承包商应抓紧准备索赔资料，计算索赔款额或工期延长天数，编写索赔报告书，并在下一个 28 天以内正式报出。如果索赔事项的影响还在发展时，则每隔 28 天向工程师报送一次补充资料，说明事态发展情况。最后，当索赔事项影响结束后，在 28 天内报送此项索赔的最终报告，附上最终账单和全部证据资料，提出具体的索赔款额或工期延长天数，要求工程师和业主审定。

(3) 会议协商解决。第一次协商一般采取非正式的形式，双方互相探索立场观点，争取达到一致见解。如需正式会议，双方应提出论据及有关资料，内定可接受的方案，争取通过一次或数次会议，达成解决索赔问题的协议。

(4) 邀请中间人调解。当双方直接谈判无法取得一致时，为争取友好解决，根据国际工程施工索赔的经验，可由双方协商邀请中间人进行调解。

(5) 提交仲裁或诉讼。像任何合同争端一样，对于索赔争端，最终的解决途径是通过仲裁或法院诉讼解决。

五、索赔费用的构成和计算

1. 可索赔费用的分类

按照可索赔费用的性质及构成，分类如下：

(1) 按可索赔费用的性质划分。在工程实践中，承包商的费用索赔包括额外工作索赔和损失索赔。

1) 损失索赔主要是由于发包人违约或监理工程师指令错误所引起，按照法律原则，对损失索赔，发包人应当给予损失的补偿，包括实际损失和可得利益或所失利益。这里的实际损失是指承包商多支出的额外成本。所失利益是指如果发包人或监理工程师不违约，承包商本应取得的，但因发包人等违约而丧失了的利益。

2）额外工作索赔主要是因合同变更及监理工程师下达变更令引起的。对额外工作的索赔，发包人应以原合同中的合适价格为基础，或以监理工程师确定的合理价格予以付款。

计算损失索赔和额外工作索赔的主要差别在于损失索赔的费用计算基础是成本，而额外工作索赔的计算基础价格是成本和利润，甚至在该工作可以顺利列入承包商的工作计划，不会引起总工期延长，从而事实上承包商并未遭受到利润损失时也可在索赔款额内计算利润。

（2）按可索赔费用的构成划分。可索赔费用按项目构成可分为直接费和间接费。其中直接费包括人工费、材料费、机械设备费、分包费，间接费包括现场和公司总部管理费、保险费、利息及保函手续费等项目。可索赔费用计算的基本方法是按上述费用构成项目分别分析、计算，最后汇总求出总的索赔费用。

2. 可以索赔的费用项目

（1）人工费。人工费属工程直接费，指直接从事施工的工人、辅助工人、工长的工资及其有关的费用。在施工索赔中的人工费是指额外劳务人员的雇用、加班工作、人员闲置和劳动生产率降低的工时所花费的费用。一般可用工时与投标时人工单价或折算单价相乘即得。

（2）材料费。材料费的索赔主要包括材料涨价费用、额外新增材料运输费用、额外新增材料使用费、材料破损消耗估价费用等。

由于建设工程项目的施工周期通常较长，在合同工期内，材料涨价降价会经常发生。为了进行材料涨价的索赔，承包商必须出示原投标报价时的采购计划和材料单价分析表。并与实际采购计划、工期延期、变更等结合起来，以证明实际的材料购买确实滞后于计划时间，再加上出具有关订货单或涨价的价格指数，运费票据等，以证明材料价和运费已确实上涨。

额外工程材料的使用，主要表现为追加额外工作、工程变更、改变施工方法等。计算时应将原来的计划材料用量与实际消耗使用了的材料定购单、发货单、领料单或其他材料单据加以比较，以确定材料的增加量。还有工期的延误会造成材料采购不到位，不得不采用代用材料或进行设计变更时增加的工程成本也可以列入材料费用索赔之中。

（3）施工机械费。机械费索赔包括增加台班量、机械闲置或工作效率降低、台班费率上涨等费用。

台班费率按照有关定额和标准手册取值。对于工作效率降低，可参考劳动生产率降低的人工费索赔的计算方法。台班量的计算数据来自机械使用记录。对于租赁的机械，取费标准按租赁合同计算。

（4）管理费。管理费包括现场管理费（工地管理费）和总部管理费（公司管理费、上级管理费）两部分。

1）现场管理费。现场管理费是具体于某项工程合同而发生的间接费用，该项索赔费用应列入以下内容：额外新增工作雇佣额外的工程管理人员费，管理人员工作时间延长的费用，工程延长期的现场管理费，办公设施费，办公用品费，临时供热、供水及照明费，保险费，管理人员工资和有关福利待遇的提高费等。

2）总部管理费。总部管理费是属于承包商整个公司，而不能直接归于直接工程项目的管理费用。它包括：总部办公大楼及办公用品费用、总部职工工资、投标组织管理费用、通信邮电费用、会计核算费用、广告及资助费用、差旅费等其他管理费用。总部管理费一般占工程成本的3%～10%左右。

（5）利润。利润是承包商的净收入，是施工的全部收入减去成本支出后的盈余。利润索赔包括额外工作应得的利润部分和由于发包人违约等造成的可能的利润损失部分。具体利润索赔主要发生在以下几个方面：

1）合同及工程变更。此项利润的索赔计算直接与投标报价相关联。

2）合同工期延长。延期利润损失是一种机会损失的补偿，具体款额计算可据工程项目情况及机会损失多少而定。

3）合同解除。该项索赔的计算比较灵活多变，主要取决于该工程项目的实际盈利性，以及解除合同时已完工作的付款数额。

从以上具体各项索赔费用的内容可以看出，引起索赔的原因和费用都是多方面的和复杂的，在具体一项索赔事件的费用计算时，应该具体问题具体分析，并分项列出详细的费用开支和损失证明及单据，交由监理工程师审核和批准。

第三章　成　本　控　制

第一节　施工项目成本管理概述

一、施工项目成本管理的概念

施工项目成本管理是以施工项目为对象，以价值规律为指导，以成本预测、计划、控制、核算、分析和考核为内容，运用一系列的专门手段和方法，对施工项目的生产经营活动进行指导、协调、监督和控制的一种经济管理活动。

二、施工项目成本管理的特点

施工项目成本管理是施工企业管理的基础和核心，其工作内容的每一环节之间都相互联系、相互作用。施工项目成本管理具有以下特点。

1. 施工项目成本管理的综合性

工程项目成本管理的内容决定了在进行项目成本管理的各项工作中，只有综合运用定额管理、预算管理、计划管理、成本控制、会计核算等管理方法，并将各部分有机地结合起来，才能有效地控制成本支出。由于施工项目管理内容的复杂性，每一项管理活动都与工程成本有着直接或间接的联系，不同程度地对施工项目成本带来影响。因此，只有把所有的管理要素、对象纳入成本管理的范畴，整个施工项目才能取得更好的效益。

2. 施工项目成本管理的超前性

由于企业为工程施工而组建的项目经理部属于一次性的临时机构，它随工程项目的完工而解体。因此，施工项目的成本管理只能是在不重复的过程中进行，项目经理部为了确保本项工程必不亏损，必须对项目成本的管理实行事先控制以及施工过程中的层层控制，决不能采取事后控制。从项目承包开始，项目经理必须采取“干前预算，干中核算，边干边算”的方法，做到有效地对成本费用的控制。

3. 施工项目成本管理的动态性

随着经济体制改革的不断深入，市场经济环境下工程建设的成本状况在施工过程中会发生较大的变化。如国家政策调整、概预算编制规定的变化、材料价格的升降、业主资金到位状况、工程设计的修改等，都会使工程的实际成本处在不固定的环境之中。项目班子要想在承包的基础上完成上缴费用并获得盈利，就必须采取有效措施控制成本。对一些不可改变的客观因素引起的价格变化，项目管理应随机应变，根据变化了的情况及时增添管理措施和进行索赔，否则施工项目成本管理的目标将难以实现。

4. 施工项目成本管理的全员性

成本管理要求全员参加，是施工项目的全方位管理。施工项目成本管理必然与项目的工期管理、质量管理、技术管理、预算管理、资金管理、安全管理等相结合，从而组成施工项目管理的完整网络。施工项目中每一个管理职能部门、班组和个人都参与本工程项目的成本管理，只有人人都重视成本管理，并主动想办法控制消耗，降低成本，那么成本管理水平才能提高。

三、施工成本管理的意义

施工项目的成本管理，通常是在项目成本的形成过程中，对生产经营所消耗的人力资源、物资资源和费用开支，进行指导、调整和限制，及时纠正将要发生和已经发生的偏差，把各项费用控制在计划成本的范围之内，以保证成本的实现。

1. 我国目前施工项目成本管理存在的问题

(1) 缺乏成本的事前和事中控制。由于建筑工程的生产过程具有一次性的特点，管理对象只有一个工程项目，因而其成本管理只能在这种不再重复的过程中进行，这就要求项目成本管理必须是事先的、主动性的管理。当前，许多项目管理部的成本管理由于缺乏事先控制和管理，仅仅在项目结束或进行到相当阶段才对已发生的成本进行核算，那显然已成为“不算不知道，一算吓一跳”的定局了。

(2) 施工过程对成本控制不严。项目管理的实质是合同管理，项目成本管理应着重于项目合同成本管理，并应以总分包合同成本管理贯穿于项目成本管理的全过程。合同内容完成后，外包队伍要按项目经理部开具的施工任务单和外包合同与项目部办理结算，结算数与预算数差额再补进成本。由于施工任务单和核算结果反映外包结算数与合同预算数，往往偏差较大，致使人工费难以按合同成本进行控制，影响月度成本的真实性。

(3) 收入与支出的口径不一致。工程价款的收入和成本费用支出的口径要一致，才能正确计算成本，核算盈亏。但目前不少项目经理在工程未取得业主签证之前先报工作量，以此作为工程结算收入的依据。这样，当有些项目业主审核确认的工程造价与承包造价的结算发生差异时，工程价款则无法收回，从而使项目经理部的预算成本不真实，造成收支口径不一致，甚至出现工程项目施工前期核算有盈利，到工程项目竣工决算时出现成本亏损现象。

(4) 对质量成本缺乏风险管理。对工程项目质量监控不力造成的质量低劣会给企业带来惨重的代价，这种代价既有经济方面的，也有危及生命安全的。目前我国施工项目成本管理中尚未建立起对工程项目质量成本的风险监控体系，比如总承包单位在进行工程转包、分包中的压价行为，使得转包、分包单位的价格太低而由此带来的施工过程中偷工减料等现象时有发生，严重地影响工程项目的质量。

2. 工程施工项目成本管理的意义

(1) 施工项目成本管理是施工项目管理的核心内容。工程承包企业经营管理活动的全部目的，就在于追求低于同行业平均成本水平，取得最大的成本差异而获得最大的利润。合同价格一旦确定，成本就是决定的因素。没有以成本管理为核心的全部有效的管理活动，就不能实现经营目标。

(2) 施工项目成本管理是衡量施工项目管理成绩的客观标尺。

(3) 施工项目成本管理是企业活力的源泉。加强施工项目成本管理，实行有效激励，有利于提高工程项目的经济效益和社会效益，有利于调动职工的积极性。各项成本责任到人，将人力、物力、财力等资源实行有偿使用，使企业内部各种经济关系得到理顺和协调，从而提高整个企业的管理水平和经济效益。

(4) 施工项目是企业的成本中心，施工企业是利润中心。为了适应工程建设市场日益激烈的竞争形势，工程承包企业必须建立现代企业制度，开展组织创新，管理创新，将其管理中心向施工项目转移，即将企业利润中心与施工项目成本中心分离。施工项目作为工程承包企业最基本的工程管理实体，同时也是企业与业主所签订的工程承包合同事实上的履行主体，正以成本中心的形象有力地支持着企业这个利润中心发挥作用，而企业作为利润中心又有效地制约、指导着施工项目成本中心发挥作用。

工程项目的成功在于所有目标的有效完成，而施工项目的经济效益只能通过科学管理与控制使盈利最大化或成本最小化来实现，通常，工程承包企业的盈利性目标基本上是通过成本控制来实现的。由此可见施工项目成本控制的重要性。

四、施工成本管理的原则

1. 成本最低化原则

施工项目成本管理的根本目的，在于通过成本管理的各种手段，不断降低施工项目成本，以达到可能实现最低的目标成本的要求。但是，在实行成本最低化原则时，应注意研究降低成本的可能性和合理的成本最低化，一方面挖掘各种降低成本的潜力，使可能性变为现实；另一方面要从实际出发，制定通过主观努力可能达到合理的最低成本水平，并据此进行分析、考核评比。

2. 全面成本管理原理

长期以来，在施工项目成本管理中，存在“三重三轻”问题，即重实际成本的核算和分析，轻全过程的成本管理和对其影响因素的控制；重施工成本的计算分析，轻采购成本、工艺成本和质量成本；重财会人员的管理，轻群众性的日常管理。因此，为了确保不断降低施工项目成本，达到成本最低化目的，必须实行全面成本管理。

3. 成本责任制原则

为了实行全面成本管理，必须对施工项目成本进行层层分解，以分级、分工、分人的成本责任制作保证。施工项目经理部应对企业下达的成本指标负责，班组和个人对项目经理部的成本目标负责，以做到层层保证，定期考核评定。成本责任制的关键是划清责任，并要与奖惩制度挂钩，使各部门、各班组和个人都来关心施工项目成本。

4. 动态控制原则

项目施工是一次性行为，其成本控制应更重视事前和事中的控制。在施工开始之前进行成本预测，确定目标成本，编制成本规划，制订或修订各种消耗定额和费用开支标准；施工阶段重在执行成本规划，落实降低成本措施，实行成本目标管理。成本控制应随施工过程连续进行，与施工进度同步。另外，在施工过程中还应建立灵敏的成本信息反馈系统，使成本责任人能及时获得信息，纠正偏差。

5. 成本管理有效化原则

所谓成本管理有效化，主要有两层意思，一是促使施工项目经理部以最少的投入，获得最大的产出；二是以最少的人力和财力，完成较多的管理工作，提高工作效率。提高成本管理有效性：①采用行政方法，通过行政隶属关系，下达指标，制订实施措施，定期检查监督；②采用经济方法，利用经济杠杆、经济手段实行管理；③用法制方法，根据国家的政策方针和规定，制定具体的规章制度，使人人照章办事，用法律手段进行成本管理。

6. 开源与节流相结合的原则

施工生产既是消耗资财人力的过程，也是创造财富的过程，其成本控制也应坚持增收与节约相结合的原则。

7. 目标管理原则

目标管理是贯彻执行计划的一种方式。目标管理的内容包括：目标的设定和分解，目标的责任到位和执行，检查目标的执行结果，修正目标和评价目标。成本控制作为目标管理的一项重要内容，其工作的开展也要遵循目标管理的原理。目标管理的基本思想和工作方法是PDCA(Plan Do Check Action)循环。

第二节　工程项目成本的构成

一、工程项目成本的组成

工程项目成本即工程建设项目总投资，其构成有广义和狭义之分。广义的工程项目成本构成包括固定资产投资和流动资产投资。固定资产投资包括设备及工器具购置费、建筑安装工程费、工程建设其他费、预备费、建设期贷款利息、固定资产投资方向调节税。狭义的工程项目成本即指建筑安装工程费。

根据建标［2003］206号文件规定，建筑安装工程费由直接费、间接费、利润和税金四部分组成，如图3-1所示。

		费用项目
(一) 直接费	直接工程费	人工费 材料费 施工机械使用费
	措施费	环境保护费 文明施工费 安全施工费 临时设施费 夜间施工费 二次搬运费 大型机械设备进出场及安拆费 脚手架搭拆费 混凝土、钢筋混凝土模板及支架费 已完工程及设备保护费 施工排水、降水费
(二) 间接费	规费	工程排污费 工程定额测定费 社会保障费(养老保险费、失业保险费、医疗保险费) 住房公积金 危险作业意外伤害保险

图3-1　建筑安装工程费用项目组成(一)

		费用项目
（二）间接费	企业管理费	管理人员工资 办公费 差旅交通费 固定资产使用费 工具用具使用费 劳动保险费 工会经费 职工教育经费 财产保险费 财务费 税金 其他
（三）利润		
（四）税金	营业税 城市维护建设税 教育费附加	

图 3-1 建筑安装工程费用项目组成(二)

二、直接工程费的组成

直接工程费是指施工过程中耗费的构成工程实体的各项费用，为人工费、材料费、施工机械使用费之和。

1. 人工费

建筑安装工程费中的人工费，是指直接从事于建筑安装工程施工的生产工人开支的各项费用。构成人工费的基本要素有两个，即人工工日消耗量和人工工资单价。

人工工资单价包括以下内容。

(1) 基本工资：是指发放给生产工人的基本工资。

(2) 工资性补贴：是指按规定标准发放的物价补贴，燃气补贴，交通补贴，住房补贴，流动施工津贴等。

(3) 生产工人辅助工资：是指生产工人年有效施工天数以外非作业天数的工资，包括职工学习、培训期间的工资，调动工作、探亲、休假期间的工资，因气候影响的停工工资，女工哺乳期间的工资，病假在6个月以内的工资及产、婚、丧假期的工资。

(4) 职工福利费：是指按规定标准计提的职工福利费。

(5) 生产工人劳动保护费：是指按规定标准发放的劳动保护用品的购置费及修理费，徒工服装补贴、防暑降温费、在有碍身体健康环境中施工的保健费用等。

2. 材料费

材料费是指施工过程中耗用的构成工程实体的原材料、辅助材料、构配件、零件、半成品的费用，材料费的两个基本要素是材料消耗量和材料预算价格。

材料预算价格包括以下内容：

(1) 材料原价(或供应价格)。

(2) 材料运杂费：是指材料自来源地运至工地仓库或指定堆放地点所发生的全部费用。

(3) 运输损耗费：是指材料在运输装卸过程中不可避免的损耗。

(4) 采购及保管费：是指为组织采购、供应和保管材料过程中所需要的各项费用；包括：采购费、仓储费、工地保管费、仓储损耗。

(5) 检验试验费：是指对建筑材料、构件和建筑安装物进行一般鉴定、检查所发生的费用，包括自设试验室进行试验所耗用的材料和化学药品等费用。不包括新结构、新材料的试验费和建设单位对具有出厂合格证明的材料进行检验，对构件做破坏性试验及其他特殊要求检验试验的费用。

3. 施工机械使用费

施工机械使用费，是指施工机械作业所发生的机械使用费以及机械安拆费和场外运费。

施工机械台班单价包括以下内容：

(1) 折旧费：指施工机械在规定的使用年限内，陆续收回其原值及购置资金的时间价值。

(2) 大修理费：指施工机械按规定的大修理间隔台班进行必要的大修理，以恢复其正常功能所需的费用。

(3) 经常修理费：指施工机械除大修理以外的各级保养和临时故障排除所需的费用。包括为保障机械正常运转所需替换设备与随机配备工具附具的摊销和维护费用，机械运转中日常保养所需润滑与擦拭的材料费用及机械停滞期间的维护和保养费用等。

(4) 安拆费及场外运费：安拆费指施工机械在现场进行安装与拆卸所需的人工、材料、机械和试运转费用以及机械辅助设施的折旧、搭设、拆除等费用；场外运费指施工机械整体或分体自停放地点运至施工现场或由一施工地点运至另一施工地点的运输、装卸、辅助材料及架线等费用。

(5) 人工费：指机上司机(司炉)和其他操作人员的工作日人工费及上述人员在施工机械规定的年工作台班以外的人工费。

(6) 燃料动力费：指施工机械在运转作业中所消耗的固体燃料(煤、木柴)、液体燃料(汽油、柴油)及水、电等。

(7) 养路费及车船使用税：指施工机械按照国家规定和有关部门规定应缴纳的车船使用税、保险费及年检费等。

三、措施费的组成

措施费是指为完成工程项目施工，发生于该工程施工前和施工过程中非工程实体项目的费用，一般包括下列项目：

(1) 环境保护费

环境保护费是指施工现场为达到环保部门要求所需要的各项费用。

(2) 文明施工费

文明施工费是指施工现场文明施工所需要的各项费用。

(3) 安全施工费

安全施工费是指施工现场安全施工所需要的各项费用。

(4) 临时设施费

临时设施费是指施工企业为进行建筑安装工程施工所必须搭设的生活和生产用的临时

建筑物、构筑物和其他临时设施费用等。临时设施包括：临时宿舍、文化福利及公用事业房屋与构筑物，仓库、办公室、加工厂以及规定范围内道路、水、电、管线等临时设施和小型临时设施。临时设施费用包括：临时设施的搭设、维修、拆除费或摊销费。

(5) 夜间施工增加费

(6) 二次搬运费

二次搬运费是指因施工场地狭小等特殊情况而发生的二次搬运费用。

(7) 大型机械设备进出场及安拆费

大型机械设备进出场及安拆费是指机械整体或分体自停放场地运至施工现场或由一个施工地点运至另一个施工地点，所发生的机械进出场运输及转移费用及机械在施工现场进行安装、拆卸所需的人工费、材料费、机械费、试运转费和安装所需的辅助设施的费用。

(8) 混凝土、钢筋混凝土模板及支架费

混凝土、钢筋混凝土模板及支架费是指混凝土施工过程中需要的各种钢模板、木模板、支架等的支、拆、运输费用及模板、支架的摊销(或租赁)费用。

(9) 脚手架费

脚手架费是指施工需要的各种脚手架搭、拆、运输费用及脚手架的摊销(或租赁)费用。

(10) 已完工程及设备保护费

已完工程及设备保护费是指竣工验收前，对已完工程及设备进行保护所需费用。

(11) 施工排水、降水费

施工排水、降水费是指为确保工程在正常条件下施工，采取各种排水、降水措施所发生的各种费用。

四、间接费的组成

间接费由规费、企业管理费构成。

1. 规费

规费是指政府和有关权力部门规定必须缴纳的费用(简称规费)，包括以下内容：

(1) 工程排污费：是指施工现场按规定缴纳的工程排污费。

(2) 工程定额测定费：是指按规定支付工程造价(定额)管理部门的定额测定费。

(3) 社会保障费。包括养老保险费、失业保险费、医疗保险费；其中：养老保险费是指企业按规定标准为职工缴纳的基本养老保险费；失业保险费是指企业按照国家规定标准为职工缴纳的失业保险费；医疗保险费是指企业按照规定标准为职工缴纳的基本医疗保险费。

(4) 住房公积金：是指企业按规定标准为职工缴纳的住房公积金。

(5) 危险作业意外伤害保险：是指按照建筑法规定，企业为从事危险作业的建筑安装施工人员支付的意外伤害保险费。

2. 企业管理费

企业管理费是指建筑安装企业组织施工生产和经营管理所需费用，包括以下内容。

(1) 管理人员工资：是指管理人员的基本工资、工资性补贴、职工福利费、劳动保护费等。

(2) 办公费：是指企业管理办公用的文具、纸张、账表、印刷、邮电、书报、会议、水电、烧水和集体取暖(包括现场临时宿舍取暖)用煤等费用。

(3) 差旅交通费：是指职工因公出差、调动工作的差旅费、住勤补助费，市内交通费和误餐补助费，职工探亲路费，劳动力招募费，职工离退休、退职一次性路费，工伤人员就医路费，工地转移费以及管理部门使用的交通工具的油料、燃料及牌照费。

(4) 固定资产使用费：是指管理和试验部门及附属生产单位使用的属于固定资产的房屋、设备仪器等的折旧、大修、维修或租赁费。

(5) 工具用具使用费：是指管理使用的不属于固定资产的生产工具、器具、家具、交通工具和检验、试验、测绘、消防用具等的购置、维修和摊销费。

(6) 劳动保险费：是指由企业支付离退休职工的易地安家补助费、职工退职金、6个月以上的病假人员工资、职工死亡丧葬补助费、抚恤费；按规定支付给离休干部的各项经费。

(7) 工会经费：是指企业按职工工资总额计提的工会经费。

(8) 职工教育经费：是指企业为职工学习先进技术和提高文化水平，按职工工资总额计提的费用。

(9) 财产保险费：是指施工管理用财产、车辆保险费。

(10) 财务费：指企业为筹集资金而发生的各种费用。

(11) 税金：是指企业按规定缴纳的房产税、车船使用税、土地使用税、印花税等。

(12) 其他：包括技术转让费、技术开发费、业务招待费、绿化费、广告费、公证费、法律顾问费、审计费、咨询费等。

五、利润

利润是指施工企业完成所承包工程获得的盈利。随着市场经济的进一步发展，企业决定利润率水平的自主权将会更大。在投标报价时企业可以根据工程的难易程度、市场竞争情况和自身的经营管理水平自行确定合理的利润率。

六、税金

税金是指国家税法规定的应计入建筑安装工程造价内的营业税、城市维护建设税及教育费附加等。

七、建筑安装工程费用的计算

1. 直接费

(1) 直接工程费

直接工程费＝人工费＋材料费＋施工机械使用费

1) 人工费

人工费＝Σ(工日消耗量×日工资单价)

2) 材料费

材料费＝Σ(材料消耗量×材料基价)＋检验试验费

① 材料基价

材料基价=[(供应价格+运杂费)×(1+运输损耗率)]×(1+采购保管费率)

② 检验试验费

检验试验费=Σ(单位材料量检验试验费×材料消耗量)

3) 施工机械使用费

施工机械使用费=Σ(施工机械台班消耗量×机械台班单价)

(2) 措施费

本规则中只列通用措施费项目的计算方法，各专业工程的专用措施费项目的计算方法由各地区或国务院有关专业主管部门的工程造价管理机构自行制定。

1) 环境保护费

环境保护费=直接工程费×环境保护费费率(%)

$$环境保护费费率(\%)=\frac{本项费用年度平均支出}{全年建安产值\times直接工程费占总造价比例(\%)}$$

2) 文明施工费

文明施工费=直接工程费×文明施工费费率(%)

$$文明施工费费率(\%)=\frac{本项费用年度平均支出}{全年建安产值\times直接工程费占总造价比例(\%)}$$

3) 安全施工费

安全施工费=直接工程费×安全施工费费率(%)

$$安全施工费费率(\%)=\frac{本项费用年度平均支出}{全年建安产值\times直接工程费占总造价比例(\%)}$$

4) 临时设施费

临时设施费由周转使用临建费、一次性使用临建费和其他临时设施费三部分组成。

临时设施费=(周转使用临建费+一次性使用临建费)×(1+其他临时设施所占比例(%))

① 周转使用临建费

$$周转使用临建费=\Sigma\left[\frac{临建面积\times每平方米造价}{使用年限\times365\times利用率(\%)}\times工期(天)\right]+一次性拆除费$$

② 一次性使用临建费

一次性使用临建费=Σ临建面积×每平方米造价×[1-残值率]+一次性拆除费

③ 其他临时设施在临时设施费中所占比例，可由各地区造价管理部门依据典型施工企业的成本资料经分析后综合测定。

5) 夜间施工增加费

$$夜间施工增加费=\left(1-\frac{合同工期}{定额工期}\right)\times\frac{直接工程费中的人工费合计}{平均日工资单价}\times每工日夜间施工费开支$$

6) 二次搬运费

二次搬运费=直接工程费×二次搬运费费率(%)

$$二次搬运费费率(\%)=\frac{年平均二次搬运费开支额}{全年建安产值\times直接工程费占总造价的比例(\%)}$$

7) 大型机械进出场及安拆费

$$大型机械进出场及安拆费=\frac{一次进出场及安拆费\times年平均安拆次数}{年工作台班}$$

8) 混凝土、钢筋混凝土模板及支架费

① 模板及支架费＝模板摊销量×模板价格＋支、拆、运输费

摊销量＝一次使用量×(1＋施工损耗)×[1＋(周转次数－1)×补损率/周转次数－(1－补损率)×50%/周转次数]

② 租赁费＝模板使用量×使用天数×租赁价格＋支、拆、运输费

9）脚手架搭拆费

① 脚手架搭拆费＝脚手架摊销量×脚手架价格＋搭、拆、运输费

$$脚手架摊销量=\frac{单位一次使用量\times(1-残值率)}{耐用期\times一次使用期}$$

② 租赁费＝脚手架每日租金×搭设周期＋搭、拆、运输费

10）已完工程及设备保护费

已完工程及设备保护费＝成品保护所需机械费＋材料费＋人工费

11）施工排水、降水费

排水降水费＝Σ排水降水机械台班费×排水降水周期＋排水降水使用材料费、人工费

2. 间接费

间接费的计算方法按取费基数的不同分为以下三种：

(1) 以直接费为计算基础

间接费＝直接费合计×间接费费率(%)

(2) 以人工费和机械费合计为计算基础

间接费＝人工费和机械费合计×间接费费率(%)

间接费费率(%)＝规费费率(%)＋企业管理费费率(%)

(3) 以人工费为计算基础

间接费＝人工费合计×间接费费率(%)

1）规费费率

根据本地区典型工程发承包价的分析资料综合取定规费计算中所需数据：

① 每万元发承包价中人工费含量和机械费含量。

② 人工费占直接费的比例。

③ 每万元发承包价中所含规费缴纳标准的各项基数。

规费费率的计算公式：

① 以直接费为计算基础

$$规费费率(\%)=\frac{\Sigma规费缴纳标准\times每万元发承包价计算基数}{每万元发承包价中的人工费含量}\times人工费占直接费的比例(\%)$$

② 以人工费和机械费合计为计算基础

$$规费费率(\%)=\frac{\Sigma规费缴纳标准\times每万元发承包价计算基数}{每万元发承包价中的人工费含量和机械费含量之和}\times100\%$$

③ 以人工费为计算基础

$$规费费率(\%)=\frac{\Sigma规费缴纳标准\times每万元发承包价计算基数}{每万元发承包价中的人工费含量}\times100\%$$

2）企业管理费费率

企业管理费费率计算公式

① 以直接费为计算基础

$$企业管理费费率(\%)=\frac{生产工人年平均管理费}{年有效施工天数\times人工单价}\times人工费占直接费比例(\%)$$

② 以人工费和机械费合计为计算基础

$$企业管理费费率(\%)=\frac{生产工人年平均管理费}{年有效施工天数\times(人工单价+每一工日机械使用费)}\times100\%$$

③ 以人工费为计算基础

$$企业管理费费率(\%)=\frac{生产工人年平均管理费}{年有效施工天数\times人工单价}\times100\%$$

3. 利润

(1) 以直接费为计算基础

利润＝(直接费＋间接费)×利润率

(2) 以人工费和机械费合计为计算基础

利润＝(人工费＋机械费)×利润率

(3) 以人工费为计算基础

利润＝人工费×利润率

4. 税金

(1) 税金计算公式

税金＝(税前造价＋利润)×综合税率(%)

(2) 税率的确定

1) 营业税的税率

国家规定，建筑安装工程营业税按营业收入额(建筑安装工程全部收入)的3%计算。

2) 城市维护建设税的税率

国家规定，城市维护建设税的税率要根据纳税人所在地(即公司注册地)的不同，分三种情况予以确定：

纳税人所在地为市区者，为营业税的7%；

纳税人所在地为县、镇者，为营业税的5%；

纳税人所在地为农村者，为营业税的1%；

3) 教育费附加的费率

国家规定，教育费附加的费率按营业税的3%计算。

(3) 综合税率的确定

1) 纳税地点在市区的企业

$$综合税率(\%)=\frac{1}{1-3\%-(3\%\times7\%)-(3\%\times3\%)}-1=3.41\%$$

2) 纳税地点在县城、镇的企业

$$综合税率(\%)=\frac{1}{1-3\%-(3\%\times5\%)-(3\%\times3\%)}-1=3.34\%$$

3) 纳税地点不在市区、县城、镇的企业

$$综合税率(\%)=\frac{1}{1-3\%-(3\%\times1\%)-(3\%\times3\%)}-1=3.22\%$$

【例 3-1】 已知某土建工程成本人工费 5000 元、材料费 25000 元、机械使用费 1500 元，措施费为 5700 元，间接费费率为 5%，利润率为 7%，税率为 3.41%，则该土建工程预算成本为多少？

【解】 该土建工程预算成本的计算具体见表 3-1。

某土建工程预算费用计算表 单位：元 **表 3-1**

序号	费用名称	计算公式	金额(元)	备注
1	直接工程费	人工费＋材料费＋机械使用费	31500	
2	措施费		5700	
3	直接费小计	直接工程费＋措施费	37200	
4	间接费	直接费×间接费费率	1860	
5	直接费＋间接费		39060	
6	利润	(直接费＋间接费)×利润率	2734	
7	税金	(直接费＋间接费＋利润)×税率	1425	
8	预算成本合计	直接费＋间接费＋利润＋税金	43219	

第三节 工程项目成本控制的内容、方法、措施

一、成本控制的内容

1. 按照施工项目成本管理的工作环节划分

(1) 施工项目成本预测。施工项目成本预测是对施工项目未来的成本水平及其发展趋势所作的描述与判断。要对施工项目做出正确的决策、采取有力的控制措施、编制科学合理的成本规划和施工组织计划，需要对施工项目在不同条件下未来的成本水平及其发展趋势做出判断。通过成本预测可以寻求降低项目成本、提高经济效益的途径。施工项目成本预测是进行施工项目成本决策和编制成本规划的基础。

(2) 施工项目成本决策。施工项目成本决策是对项目施工生产活动中与成本相关的问题做出判断和决策，是在施工项目成本预测的基础上，运用一定的专门方法，结合决策人员的经验和判断能力，对未来的成本水平、发展趋势以及可能采取的措施所做出的选择。

(3) 施工项目成本规划。施工项目成本规划是以施工生产计划和有关成本资料为基础，对计划期施工项目的成本水平所做的筹划，是对施工项目制订的成本管理目标。

(4) 施工项目成本控制。施工项目成本控制是指项目在施工过程中，对影响施工项目成本的各种因素进行规划、调节，并采取各种有效措施，将施工中实际发生的各种消耗和支出严格控制在计划范围内，随时揭示并及时反馈，严格审查各项费用是否符合规定，计算实际成本和计划成本之间的差异并进行分析，消除施工中可能发生的浪费现象。

(5) 施工项目成本核算。施工项目成本核算是利用会计核算体系，对项目过程中所发生的各种消耗进行记录、分类，并采用适当的成本计算方法，计算出各个成本核算对象的总成本和单位成本的过程。

(6) 施工项目成本分析。施工项目成本分析是揭示项目成本变化情况及其变化原因的

过程，在成本形成过程中，对施工项目成本进行的对比评价和剖析总结工作，贯穿于施工项目成本管理的全过程。主要是利用施工项目的成本核算资料，将项目实际成本与目标成本(计划成本)、预算成本等进行比较，了解成本的变动情况，同时分析主要经济指标对成本的影响，系统地研究成本变动的因素，检查成本规划的合理性，深入揭示成本变动的规律，寻找降低施工项目成本的途径。

(7) 施工项目成本考核。所谓成本考核，就是施工项目完成后，对施工项目成本形成中的各级单位成本管理的成效或失误进行的总结与评价。

综上所述，施工项目成本管理系统中每一个环节都是相互联系和相互作用的。成本预测是成本决策的前提，成本规划是成本决策所确定目标的具体化。成本控制则是对成本规划的实施进行监督，保证决策的成本目标实现，而成本核算又是成本规划是否实现的最后检验，它所提供的成本信息又对下一个施工项目成本预测和决策提供基础资料，成本考核是实现成本目标责任制的保证和实现决策目标的重要手段。

2. 按照施工项目成本管理内容所涉及的时间系列划分

按照施工项目成本管理内容所涉及的时间系列划分可以将施工项目成本管理分为事前成本控制、事中成本控制和事后成本控制。事前、事中、事后是相对施工项目成本发生过程而言的。

(1) 事前成本控制。事前成本控制是指在施工项目成本发生之前，对影响施工项目成本的因素进行规划，对未来的成本水平进行预测，对将来的行动方案做出安排和选择的过程。

(2) 事中成本控制。事中成本控制是在施工项目成本发生过程中，按照设定的成本目标，通过各种方法措施提高劳动生产率、降低消耗的过程。

(3) 事后成本控制。事后成本控制是在施工项目成本发生之后对成本进行核算、分析、考核等工作。

3. 按照施工项目成本管理的职能划分

按照施工项目成本管理的职能可分为成本核算和成本控制两个方面。其中，成本控制包括成本预测、成本决策、成本规划、成本分析和成本考核等内容。

二、成本控制的方法

项目成本控制是一个复杂的系统工程，它包括很多方法。在此将分别讨论项目成本控制的几种方法，即执行情况测量法、费用变更控制法和补充计划编制法等。

1. 偏差分析法——典型的执行情况测量法

在测量执行情况时主要运用的是偏差分析法(又称挣值法)，是评价项目成本实际开销与进度情况的一种方法，它通过测量和计算计划工作量的预算成本、已完成工作量的实际成本和已完成工作量的预算成本得到有关计划实施的进度和费用偏差，从而可以衡量项目成本执行情况。

偏差分析技术的核心思想是通过引入一个关键性的中间变量——挣值(已完成工作的预算成本，也称为赢得值)，来帮助项目管理者分析项目成本、进度的实际执行情况同计划的偏差程度。运用偏差分析技术要求计算每个活动的关键值。

首先，要确定偏差分析的三个基本参数。

(1) 计划工作量的预算成本(Budgeted Cost for Work Scheduled，*BCWS*)

即根据批准认可的进度计划和预算计算的截至某一时点应当完成的工作所需投入资金的累积值。按我国习惯可以把它理解为“计划投资额”。

(2) 已完成工作量的实际成本(Actual Cost for Work Performed，*ACWP*)

即到某一时点已完成的工作所实际花费的总金额。按我国的习惯可以把它理解为“实际的消耗投资额”。

(3) 已完成工作量的预算成本(Budgeted Cost for Work Performed，*BCWP*)

是指项目实施过程中某阶段实际完成工作量按预算定额计算出来的成本，即挣值 *EV* (Earned Value)，挣值反映了满足质量标准的项目实际进度。按我国的习惯，可以把它理解为“已实现的投资额”。

其次，偏差分析主要通过计算费用偏差、进度偏差、计划完工指数和成本绩效指数来实现其评价目的。

费用偏差(*CV*)：$CV=BCWP-ACWP$

进度偏差(*SV*)：$SV=BCWP-BCWS$

计划完工指数(*SPI*)：$SPI=BCWP/BCWS$

成本绩效指数(*CPI*)：$CPI=BCWP/ACWP$

当 *CV* 为负数时，表明项目成本处于超支状态，反之，项目成本处于节约状态。

当 *SV* 为负数时，表明项目实施落后于进度状态，反之，项目进度超前。

当 *SPI* 大于 1 时，表明项目实际完成的工作量超过计划工作量，反之，项目实际完成的工作量少于计划工作量。

当 *CPI* 大于1时，表明项目实际成本超过计划成本，反之，项目实际成本少于计划成本。偏差分析技术不仅可以用来衡量项目的成本执行情况，而且可以用来衡量项目的进度。

【例 3-2】 某项目由四项活动组成，各项活动的时间和成本见表 3-2。总工时 4 周，总成本 10000 元，以下是第三周末的状态。

各项活动的时间和成本 **表 3-2**

活动	预计时间和成本	第一周	第二周	第三周	第四周	第三周末的状态
计划	一周，2000 元					活动已完成，实际支付成本 2000 元
设计	一周，2000 元					活动已完成，实际支付成本 2500 元
编程	一周，3000 元					活动仅完成 50%，实际支付成本 2200 元
测试与实施	一周，3000 元					没开始

要求回答以下问题：

(1) 费用偏差(*CV*)是多少?

(2) 进度偏差(*SV*)是多少?

(3) 进度执行指数(*SPI*)是多少?

(4) 成本执行指数(*CPI*)是多少?

(5) 进度执行指数(*SPI*)和成本执行指数(*CPI*)说明了什么?

【解】 (1) *BCWS*＝第一周(2000 元)＋第二周(2000 元)＋第三周(3000 元)＝7000 元

BCWP＝第一周全部完成(2000 元)＋第二周全部完成(2000 元)＋第三周完成 50%

(1500 元)=5500 元

$ACWP$=第一周(2000 元)+第二周(2500 元)+第三周(2200 元)=6700 元

$CV=BCWP-ACWP$=5500 元-6700 元=-1200 元

(2) $SV=BCWP-BCWS$=5500 元-7000 元=-1500 元

项目成本处于超支状态，项目实施落后于计划进度。

(3) $SPI=BCWP/BCWS$=5500/7000=0.79

(4) $CPI=BCWP/ACWP$=5500/6700=0.82

(5) 这两个比例都小于 1，说明该项目目前处于不利状态；完成该项目的成本效率和进度效率分别为 82%和 79%，即该项目投入了 1 元钱仅获得 0.82 元的收益，如果说现在应完成项目的全部工程量(100%)，但目前只完成了 79%，所以必须要分析这其中存在的原因，并采取相应的措施。

成本超支的可能因素有很多，如合同变更、成本计划编制数据不准确、不可抗力事件发生、返工事件发生和管理实施不当等。发现成本已经超支时，期望不采取措施成本就能自然降下来是不可能的；而且，要消除已经超支的成本则需以牺牲项目某些方面的绩效为代价。通常用来降低成本的相应措施有重新选择供应商、改变实施过程、加强施工成本管理等。

从上例还可以看出：无论是 CPI 指标还是 CV 指标，它们对于同一个项目在同一时点的评价结果是一致的，只是表示的方式不同而已。CPI 指标反映的是相对量，CV 指标反映的是绝对量，同时使用这两个指标能够较为全面地评价项目当前的成本绩效状况。

2. 费用变更控制系统

变更控制系统是一套修改项目文件时应遵循的程序，其中包括书面文件、跟踪系统和变更审批制度。这一系统规定了改变费用基线的程序，包括文书工作、跟踪系统和批准更改所必须的批准级别。在多数情况下，执行组织通常采用变更控制系统，然而当现有系统不再满足系统的需求时，管理小组则应开发出一个新的系统，以适应新的情况。无论是旧的还是新的系统，都要包括措施、信息和反馈三大要素。这三大要素之间形成了循环关系，保证了对项目变更的有效控制。循环由措施开始，产生关于措施实施效果的信息，这些信息经过处理又作为反馈信息呈送给决策者，便完成了一次循环。如果反馈的信息表明一切正常，项目经理就可以指导项目团队按原定的项目计划继续进行；如果反馈的信息预示着要发生问题，项目经理就要采取补救措施，或调集资源，或调整计划，使项目得以顺利进行。在补救过程中又会产生新的信息。通过这三个要素之间的循环，也可以将实际的项目综合变更，控制过程如图 3-2 所示。

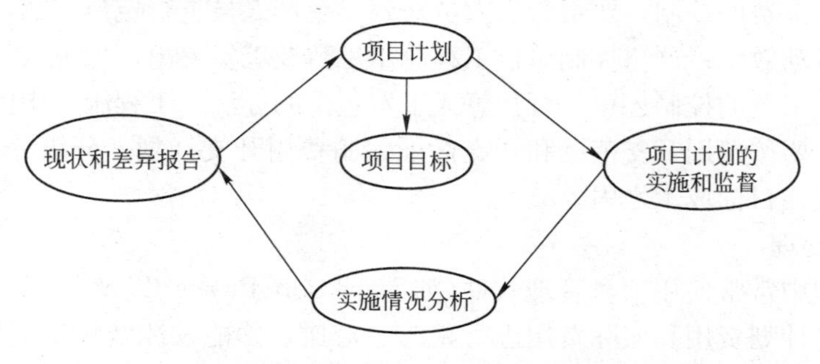

图 3-2 项目综合变更控制过程图

在采用项目费用变更控制法时，必须要注意如下两点，即项目成本变更控制系统应该和整体变更控制系统相协调，项目成本变更的结果也要和其他的变更结果相协调。因此，要实施有效的变更控制，项目团队必须建立一套完善的变更控制系统。许多变更控制系统都成立一个变更控制委员会，负责批准或拒绝变更需求。变更控制委员会的主要职能就是为准备提交的变更申请提供指导，对变更申请做出评价，并管理批准的变更实施过程。变更控制系统应该明确变更控制委员会的责任和权限，并得到所有项目关系人的认可。对于大型复杂的项目而言，可能要设多个变更控制委员会，以担负不同的责任。此外，变更控制系统还应该有处理自动变更的机制。

3. 补充计划编制法

项目一般都不可能按照原先制定的计划准确无误地进行，当项目存在可预见的变更时，就需要对项目的成本基准计划进行相应的修订或者提出替代方案的变更说明。

4. 预算法

这种方法一般用在施工准备阶段。工程预算审批以后(或合同价款确定以后)，由项目经理部根据会审后的施工图、施工定额以及确定的施工组织设计，编制施工预算。施工预算包括按施工定额口径计算的分项，分段(层)的工作量，用工用料及施工机械需要量的分析，整个工程的工料分析汇总表以及其所需要的机械机种数量施工预算与施工图预算对比表。施工预算作为项目经理部进行成本费用目标控制的依据，在工程开工之前必须认真编制。编制施工组织设计对于编好施工预算，进行成本控制是非常关键的。工程技术部门在编制施工组织设计时，要采用先进工艺，利用流水施工方法，合理安排劳动力，加快工程进度，并要对各分部分项目工程的施工工艺进行技术革新，降低成本，节约费用，提高效益。施工组织设计经建设单位审批以后，对超出工程预算部分的费用，可作为向建设单位结算的依据。

5. 定额法

定额法一般用在工程施工过程中，是施工单位以施工预算定额和费用开支标准控制实际成本，以达到降低成本的重要方法。在采用定额成本控制时，要将工程的直接费按施工定额落实到施工任务单上，以施工任务单控制生产费用的实际支出。工程直接费用定额控制的重点是材料成本控制和人工费成本控制，项目经理部要以材料消耗定额为依据，执行限额领料制度。执行限额领料制度要填写限额领料单，由计划人员根据月度工程计划和消耗定额，按照每种材料及用途核定当月的领料限额，填制限额领料单，该单一式两份，分别交施工用料的工段和发料仓库，当工段接受任务时，持施工任务单和限额领料单到仓库领用材料。对人工费的控制，要由劳资人员对各类生产人员进行定员定额，要认真执行劳动定额，提高劳动效率；严格控制单位工程总用工数及工资支出，保证人工费控制在成本指标之内。对人工费的控制还可执行预算人工费包干的办法。工程施工中的间接费用，特别是固定费用，要按费用开支范围和开支标准编制费用开支计划，分级分口、包干使用，把间接费用控制在目标成本之内。

6. 计算机处理

在项目管理中常常使用项目管理软件(如 Microsoft Project 以及 P3 等)、电子表格等计算机工具来对计划费用和实际费用进行跟踪、对比，并能预测费用变更所引起的后果。将计算机工具用于现代化的项目管理中，是非常重要和必要的，尤其对大型项目而言，需要收集大量的历史数据、市场信息以及其他相关资料，并进行集中存储和处理；在不同阶段需要编制不同深度的费用计划；随着项目的进行，还要动态地进行计划值与实际值的比较，并及时提供各种需要的状态报告。这些工作如果仅仅依靠人力来完成，那简直是天方夜谭，计算机工具的使用，不仅可以节省人力，更重要的是节约了宝贵的资源——时间。

三、工程项目成本控制措施

1. 组织措施

组织是项目管理的载体，是目标控制的依托，是控制力的源泉。因此，在项目上，要从组织项目部人员和协作部门上入手，设置一个强有力的工程项目部和协作网络，保证工程项目的各项管理措施得以顺利实施。第一，项目经理是企业法人在项目上的全权代表，对所负责的项目拥有与公司经理相同的责任和权力，是项目成本管理的第一责任人。项目经理全面组织项目部的成本管理工作，不仅要管好人、财、物，而且要管好工程的协调和工程的进度，保证工程项目的质量，取得一定的社会效益，同时，更重要的是要抓好工程成本的控制，创造较好的经济效益，在为企业赢得声誉的同时，尽可能地为企业创收。因此，选择经验丰富、能力强的项目经理，及时掌握和分析项目的盈亏状况，并迅速采取有效的管理措施是做好成本管理的第一步。第二，技术部门是整个工程项目施工技术和施工进度的负责部门。使用专业知识丰富、责任心强、有一定施工经验的工程师作为工程项目的技术负责人，可以确保技术部门在保证质量、按期完成任务的前提下，尽可能地采用先进的施工技术和施工方案，以求提高工程施工的效率，最大限度地降低工程成本。第三，经营部门主管合同实施和合同管理工作。配置外向型的工程师或懂技术的人员负责工程进度款的申报和催款工作，处理施工赔偿问题，加强合同预算管理，增加工程项目的合同外收入。经营部门的有效运作可以保证工程项目的增收节支。第四，财务部门主管工程项目的财务工作。财务部门应随时分析项目的财务收支情况，及时为项目经理提供项目部的资金状况，合理调度资金，减少资金使用费和其他不必要的费用支出。项目部的其他部门和班组也要相应的精心设置和组织，力求工程施工中的每个环节和部门都能为项目管理的实施提供保证，为增收节支尽责尽职。

2. 技术措施

工程项目成本管理的最终目的是向建设单位提供高质量、低成本的建筑产品。采取先进的技术措施，走技术与经济相结合的道路，确定科学合理的施工方案和工艺技术，以技术优势来取得经济效益是降低项目成本的关键，首先，制订先进合理的施工方案和施工工艺，合理布置施工现场，不断提高工程施工工业化、现代化水平，以达到缩短工期、提高质量、降低成本的目的，施工方案应包括四大内容：施工方法的确定、施工机具的选择、施工程序的安排和流水作业的组织。其次，在施工过程中努力寻找、运用和推广各种降低消耗、提高工效的新工艺、新技术、新材料、新产品、新机器和其他能降低成本的技术革新措施，提高经济效果。这些措施要能同时满足一定的要求，能为施工提供方便，有利于加快施工进度；能提高工程质量又能增加预算收入；同时，还要分析可行性并经甲方同意和签证后方可实施。最后，加强施工过程中的技术质量检验制度和力度，严把质量关，提高工程质量，杜绝返工现象和损失，减少浪费。

3. 经济措施

按经济用途分析，工程项目成本的构成包括直接成本和间接成本。其中，直接成本是构成工程项目实体的费用，包括材料费、人工费、机械费和其他直接费；间接成本是企业为组织和管理工程项目而分摊到该项目上的经营管理性费用。成本管理的经济措施就是要围绕这些费用的支出做文章，最大限度地降低这些费用的消耗。

(1) 控制人工费用

控制人工费的根本途径是提高劳动生产率，改善劳动组织结构，减少窝工浪费；实行合理的奖惩制度和激励办法，提高员工的劳动积极性和工作效率；加强劳动纪律，加强技术教育和培训工作；压缩非生产用工和辅助用工，严格控制非生产人员比例。

(2) 控制材料费

材料费用占工程成本的比例很大，因此降低成本的潜力最大。要降低材料费用，首先应抓住关键性的A类材料，它们虽然品种少，但所占费用比例大，故抓住A类材料费用就抓住了重点，而且易于见到成效。降低材料费用的主要措施是做好材料采购的计划，包括品种、数量和采购时间，减少仓储，避免出现“完料不尽，垃圾堆里有黄金”的现象，节约采购费用；改进材料的采购、运输、收发、保管等方面的工作，减少各个环节的损耗；合理堆放现场材料，避免和减少二次搬运和损耗；严格材料进场验收和限额领料控制制度，减少浪费；建立结构材料消耗台账，时时监控材料的使用和消耗情况，制订并贯彻节约材料的各种相应措施，合理使用材料；建立材料回收台账，注意工地余料的回收和再利用。另外，在施工过程中，要随时注意发现新产品、新材料的出现，及时向建设单位和设计院提出采用代用材料的合理建议，在保证工程质量的同时，最大限度地做好增收节支。

(3) 控制机械费用

机械使用费在整个工程项目的成本费用中所占的比例不大，但因为预算定额设定的机械设备原值和折旧率过低，工程项目施工中的机械费用实际支出一般都要超过预算定额的一定水平，造成工程项目成本中这一块费用的亏损。所以在控制机械使用费方面，除了要向甲方建设单位协商索取补贴外，最主要的是要自己加强机械设备的使用和管理力度，正确选配和合理利用机械设备，提高机械使用率和机械效率。要提高机械效率必须提高机械设备的完好率和利用率。机械利用率的提高靠人，完好率的提高在保养和维护。因此，在机械设备的使用和维护方面要尽量做到人机固定，落实机械使用，保养责任制，实行操作员、驾驶员经培训持证上岗，保证机械设备被合理规范地使用，并保证机械设备的使用安全，同时应建立机械设备档案制度，定期对机械设备进行保养维护。另外，要注意机械设备的综合利用，尽量做到一机多用，提高利用率，从而加快施工进度、增加产量、降低机械设备的综合使用费。

(4) 控制间接费及其他直接费

间接费是项目管理人员和企业的其他职能部门为该工程项目所发生的全部费用。这一项费用的控制主要应通过精简管理机构，合理确定管理幅度与管理层次，业务管理部门的费用实行节约承包来落实，同时对涉及管理部门的多个项目实行清晰分账，落实“谁受益，谁负担；多受益，多负担；少受益，少负担；不受益，不负担”的原则。其他直接费是指临时设施费、工地二次搬运费、生产工具用具使用费、检验试验费和场地清理费等。

这一项费用的控制应本着合理计划、节约为主的原则进行严格监控。

第四节 工程价款的结算

一、工程价款的主要结算方式

我国现行工程价款结算根据不同情况，可采取多种方式，主要有以下几种：

1. 按月定期结算

按月定期结算有两种方式：一是实行月初或月中预支，月终结算，竣工后清算；一是只月终结算，竣工后清算。跨年度竣工的工程，在年终进行工程盘点，办理年度结算。

2. 分段结算

分段结算是指以单项(或单位)工程为对象，按施工形象进度将其划分不同施工阶段，按阶段进行工程价款结算。分阶段结算的一般方法是根据工程的性质和特点，将施工过程划分为若干施工进度阶段，以审定的施工图预算为基础，测算每个阶段的预支款数额。在施工开始时，办理第一阶段的预支款，在该阶段完成后，计算其工程价款，同时办理下一阶段的预支款。

3. 竣工后一次结算

建设项目或单项工程全部建筑安装工程建设期在 12 个月以内，或者工程承包合同价值在 100 万元以下的，可以实行工程价款每月预支或分阶段预支，竣工后一次结算工程价款的方式。

4. 目标结款方式

即在工程合同中，将承包工程的内容分解成不同的控制界面，以业主验收控制界面作为支付工程价款的前提条件。也就是说，将合同中的工程内容分解成不同的验收单元，当承包商完成单元工程内容并经业主（或其委托人）验收后，业主支付构成单元工程内容的工程价款。

目标结款方式中，对控制界面的设定应明确描述，便于量化和质量控制，同时要适应项目资金的供应周期和支付频率。

5. 结算双方约定的其他结算方式

二、工程预付款及其计算

施工企业承包工程，一般都实行包工包料，这就需要有一定数量的备料周转金。在工程承包合同条款中，一般要明文规定发包单位(甲方)在开工前拨付给承包单位(乙方)一定限额的工程预付备料款。此预付款构成施工企业为该承包工程项目储备主要材料、结构件所需的流动资金。

按照我国有关规定，实行工程预付款的，双方应当在专用条款内约定发包方向承包方预付工程款的时间和数额，开工后按约定的时间和比例逐次扣回。预付时间应不迟于约定的开工日期前 7 天。发包方不按约定预付，承包方在约定预付时间 7 天后向发包方发出要求预付的通知，发包方收到通知后仍不能按要求预付，承包方可在发出通知后 7 天停止施工，发包方应从约定应付之日起向承包方支付预付款的贷款利息，并承担违约责任。

工程预付款仅用于承包方支付施工开始时与本工程有关的动员费用。如承包方滥用此款，发包方有权立即收回。在承包方向发包方提交金额等于预付款数额（发包方认可的银行开出）的银行保函后，发包方按规定的金额和规定的时间向承包方支付预付款，在发包方全部扣回预付款之前，该银行保函将一直有效。当预付款被发包方扣回时，银行保函金额相应递减。

1. 预付备料款的限额

由于建筑工程生产工期周期长，投资大，若等工程全部竣工再结算，必然使承包商资金发生困难。因此承包商在施工过程中所消耗的生产资料、支付给工人的报酬及所需的周转资金，必须通过预付备料款和工程款的形式，定期或不定期向建设单位结算以得到补偿。

预付备料款限额由下列主要因素决定：主要材料（包括外购构件）占工程造价的比例、材料储备期、施工工期。

对于施工企业常年应备的备料款限额，可按下式计算：

$$备料款限额=\frac{年度承包工程总值\times主要材料所占比例}{年度施工日历天数}\times材料储备天数$$

上式中材料储备天数，可根据当地材料供应情况确定，材料包括构件等。

$$工程备料款额度=\frac{预收备料款数额}{年度建安工作量}\times100\%$$

一般建筑工程备料款额度不应超过当年建筑工作量（包括水、电、暖）的30%，安装工程按年安装工作量的10%；材料占比例较多的安装工程按年计划产值的15%左右拨付。

在实际工作中，备料款的数额，要根据各工程类型、合同工期、承包方式和供应体制等不同条件而定。例如，工业项目中钢结构和管道安装占比例较大的工程，其主要材料所占比例比一般安装工程要高，因而备料款数额也要相应提高；工期短的工程比工期长的要高，材料由施工单位自购的比由建设单位供应主要材料的要高。

对于只包定额工日(不包材料定额，一切材料由建设单位供给)的工程项目，则可以不预付备料款。

2. 备料款的扣回

发包单位拨付给承包单位的备料款属于预支性质，到了工程实施后，随着工程所需主要材料储备的逐步减少，应以抵充工程价款的方式陆续扣回。扣款的方法：

（1）可以从未施工工程尚需的主要材料及构件的价值相当于备料款数额时起扣，从每次结算工程价款中，按材料比例扣抵工程价款，竣工前全部扣清。其基本表达公式是：

$$T=P-\frac{M}{N}$$

式中 T——起扣点，即预付备料款开始扣回时的累计完成工作量金额；

M——预付备料款限额；

N——主要材料所占比例；

P——承包工程价款总额。

（2）扣款的方法也可以在承包方完成金额累计达到合同总价的一定比例后，由承包方开始向发包方还款，发包方从每次应付给承包方的金额中扣回工程预付款，发包方至少在合同规定的完工期前将工程预付款的总计金额逐次扣回。发包方不按规定支付工程预付款，承包方按《建设工程施工合同（示范文本）》第21条享有权利。

在实际经济活动中，情况比较复杂，有些工程工期较短，就无需分期扣回。有些工程工期较长，如跨年度施工，预付备料款可以不扣或少扣，并于次年按应预付备料款调整，多退少补。具体地说，跨年度工程，预计次年承包工程价值大于或相当于当年承包工程价值时，可以不扣回当年的预付备料款；如小于当年承包工程价值时，应按实际承包工程价值进行调整，在当年扣回部分预付备料款，并将未扣回部分，转入次年，直到竣工年度，再按上述办法扣回。

【例3-3】 某工程合同总额1000万元，工程预付款为120万元，主要材料、构件所占比重为60%，问：起扣点为多少万元？

【解】 按起扣点计算公式：$T=P-M/N=1000-120/60\%=800$(万元)

则当工程完成800万元时，本项工程预付款开始起扣。

三、工程进度款

1. 工程进度款的计算

《建设工程施工合同(示范文本)》关于工程款的支付也作出了相应的约定："在确认计量结果后14天内，发包人应向承包人支付工程款(进度款)"。"发包人超过约定的支付时间不支付工程款(进度款)，承包人可向发包人发出要求付款的通知，发包人接到承包人通知后仍不能按要求付款，可与承包人协商签订延期付款协议，经承包人同意后可延期支付。协议应明确延期支付的时间和从计量结果确认后第15天起计算应付款的贷款利息"。"发包人不按合同约定支付工程款(进度款)，双方又未达成延期付款协议，导致施工无法进行，承包人可停止施工，由发包人承担违约责任"。

工程进度款的计算，主要涉及两个方面：一是工程量的计量；二是单价的计算方法。

单价的计算方法，主要根据由发包人和承包人事先约定的工程价格的计价方法决定。目前我国一般来讲，工程价格的计价方法可以分为工料单价和综合单价两种方法。所谓工料单价法是指单位工程分部分项工程量的单价为直接成本单价，按现行计价定额的人工、材料、机械的消耗量及其预算价格确定，其他直接成本、间接成本、利润、税金等按现行计算方法计算。所谓综合单价法是指单位工程分部分项工程量的单价是全部费用单价，既包括直接成本，也包括间接成本、利润、税金等一切费用。二者在选择时，既可采取可调价格的方式，即工程价格在实施期间可随价格变化而调整，也可采取固定价格的方式，即工程价格在实施期间不因价格变化而调整，在工程价格中已考虑价格风险因素并在合同中明确了固定价格所包括的内容和范围。

当采用可调工料单价法计算工程进度款时，在确定已完工程量后，可按以下步骤计算工程进度款：

(1) 根据已完工程量的项目名称、分项编号、单价得出合价；

(2) 将本月所完全部项目合价相加，得出直接工程费小计；

(3) 按规定计算措施费、间接费、利润；

(4) 按规定计算主材差价或差价系数；

(5) 按规定计算税金；

(6) 累计本月应收工程进度款。

用固定综合单价法计算工程进度款比用可调工料单价法更方便、省事，工程量得到确认后，只要将工程量与综合单价相乘得出合价，再累加即可完成本月工程进度款的计算工作。

2. 工程进度款的支付

工程进度款的支付，一般按当月实际完成工程量进行结算，工程竣工后办理竣工结算。在工程竣工前，承包人收取的工程预付款和进度款的总额一般不超过合同总额（包括工程合同签订后经发包人签证认可的增减工程款）的95%，其余5%尾款，在工程竣工结算时除保修金外一并清算。

【例 3-4】 某建筑工程承包合同总额为600万元，主要材料及结构件金额占合同总额62.5%，预付备料款额度为25%，预付款扣款的方法是以未施工工程尚需的主要材料及构件的价值相当于预付款数额时起扣，从每次中间结算工程价款中，按材料及构件比例抵扣工程价款。保留金为合同总额的5%。2008年上半年各月实际完成合同价值见表3-3(单位：万元)。问如何按月结算工程款。

各月完成合同价值 **表 3-3**

二月	三月	四月	五月(竣工)
100	140	180	180

【解】 (1) 预付备料款＝600×25%＝150(万元)

(2) 求预付备料款的起扣点。

即：开始扣回预付备料款时的合同价值$=600-\frac{150}{62.5\%}=600-240=360$(万元)

当累计完成合同价值为360万元后，开始扣预付款。

(3) 二月完成合同价值100万元，结算100万元。

(4) 三月完成合同价值140万元，结算140万元，累计结算工程款240万元。

(5) 四月完成合同价值180万元，到四月份累计完成合同价值420万元，超过了预付备料款的起扣点。

四月份应扣回的预付备料款＝(420－360)×62.5%＝37.5(万元)

四月份结算工程款：180－37.5＝142.5(万元)，累计结算工程款382.5万元。

(6) 五月份完成合同价值180万元，应扣回预付备料款：180×62.5%＝112.5(万元)；应扣5%的预留款：600×5%＝30(万元)。

五月份结算工程款：180－112.5－30＝37.5(万元)，累计结算工程款420万元，加上预付备料款150万元，共结算570万元。预留合同总额的5%作为保留金。

四、竣工结算

工程竣工结算是指施工企业按照合同规定完成全部工程内容，经验收质量合格，向建设单位进行的最终工程价款结算。

我国现行《建设工程施工合同（示范文本）》中对竣工结算作了详细规定：

(1) 工程竣工验收报告经发包方认可后28天内，承包方向发包方递交竣工结算报告及完整的结算资料，双方按照协议书约定的合同价款及专用条款约定的合同价款调整内容，进行工程竣工结算。

(2) 发包方收到承包方递交的竣工结算报告及结算资料后28天内进行核实，给予确认或者提出修改意见。发包方确认竣工结算报告后通知经办银行向承包方支付工程竣工结算价款。承包方收到竣工结算价款后14天内将竣工工程交付发包方。

(3) 发包方收到竣工结算报告及结算资料后28天内无正当理由不支付工程竣工结算价款，从第29天起按承包方同期向银行贷款利率支付拖欠工程价款的利息，并承担违约责任。

(4) 发包方收到竣工结算报告及结算资料后28天内不支付工程竣工结算价款，承包方可以催告发包方支付结算价款。发包方在收到竣工结算报告及结算资料后56天内仍不支付的，承包方可以与发包方协议将该工程折价，也可以由承包方申请人民法院将该工程依法拍卖，承包方就该工程折价或者拍卖的价款优先受偿。

(5) 工程竣工验收报告经发包方认可后28天内，承包方未能向发包方递交竣工结算报告及完整的结算资料，造成工程竣工结算不能正常进行或工程竣工结算价款不能及时支付，发包方要求交付工程的，承包方应当交付；发包方不要求交付工程的，承包方承担保管责任。

(6) 发包方和承包方对工程竣工结算价款发生争议时，按争议的约定处理。

在实际工作中，当年开工、当年竣工的工程，只需办理一次性结算。跨年度的工程，在年终办理一次年终结算，将未完工程结转到下一年度，此时竣工结算等于各年度结算的总和。

(7) 工程价款竣工结算的一般公式。

$$\begin{matrix}\text{竣工结算}\\\text{工程价款}\end{matrix}=\begin{matrix}\text{预算(或概算)}\\\text{或合同价款}\end{matrix}+\begin{matrix}\text{施工过程中预算或}\\\text{合同价款调整数额}\end{matrix}-\begin{matrix}\text{预付及已结算}\\\text{工程价款}\end{matrix}-\text{保修金}$$

五、保修金的返还

工程保修金一般为施工合同价款的3%，在专门条款中具体规定。发包人在质量保修期后14天内，将剩余保修金和利息返还承包商。

六、工程价款的动态结算

工程价款的动态结算就是要把各种动态因素渗透到结算过程中，使结算大体能反映实际的消耗费用。下面介绍几种常用的动态结算办法。

1. 实际价格调整法

这种方法是根据工程中主要材料的实际价格对原合同价调整，比造价指数法更具体、更实际。但是这种方法对业主控制造价不利，业主承担了主要造价风险。这就使有的省份采用该方法时就直接在合同中明确采用当地某期的造价信息的价格。

2. 按主材计算价差

发包人在招标文件中列出需要调整价差的主要材料表及其基期价格(一般采用当时当地工程价格管理机构公布的信息价或结算价)，工程竣工结算时按竣工当时当地工程价格管理机构公布的材料信息价或结算价，与招标文件中列出的基期价比较计算材料差价。

3. 造价指数调整法

这种方法是根据工程所在地造价管理部门所公布的该月度或者季度工程造价指数，结合工程施工合理的工期，对承包合同价予以调整的方法。调整时主要考虑实际人工费和机械使用费等上涨及工程变更等因素造成的价差。

4. 调值公式法（又称动态结算公式法）

根据国际惯例，对建设工程已完成投资费用的结算，一般采用此法。事实上，绝大多数情况是发包方和承包方在签订的合同中就明确规定了调值公式。

（1）利用调值公式进行价格调整的工作程序

价格调整的计算工作比较复杂，其程序是：

首先，确定计算物价指数的品种，一般的说，品种不宜太多，只确立那些对项目投资影响较大的因素，如设备、水泥、钢材、木材和工资等。这样便于计算。

其次，要明确以下两个问题：一是合同价格条款中，应写明经双方商定的调整因素，在签订合同时要写明考核几种物价波动到何种程度才进行调整。一般都在±10%左右。二是考核的地点和时点：地点一般在工程所在地，或指定的某地市场价格；时点指的是某月某日的市场价格。这里要确定两个时点价格，即基准日期的市场价格（基础价格）和与特定付款证书有关的期间最后一天的49天前的时点价格。这两个时点就是计算调值的依据。

再次，确定各成本要素的系数和固定系数，各成本要素的系数要根据各成本要素对总造价的影响程度而定。各成本要素系数之和加上固定系数应该等于1。

在实行国际招标的大型合同中，监理工程师应负责按下述步骤编制价格调值公式：

1）分析施工中必需的投入，并决定选用一个公式，还是选用几个公式；

2）估计各项投入占工程总成本的相对比例，以及国内投入和国外投入的分配，并决定对国内成本与国外成本是否分别采用单独的公式；

3）选择能代表主要投入的物价指数；

4）确定合同价中固定部分和不同投入因素的物价指数的变化范围；

5）规定公式的应用范围和用法；

6）如有必要，规定外汇汇率的调整。

（2）建筑安装工程费用的价格调值公式

建筑安装工程费用价格调值公式与货物及设备的调值公式基本相同。它包括固定部分、材料部分和人工部分三项。但因建筑安装工程的规模和复杂性增大，公式也变得更长更复杂。典型的材料成本要素有钢筋、水泥、木材、钢构件、沥青制品等，同样，人工可包括普通工和技术工。调值公式一般为：

$$P=P_0\left(a_0+a_1\frac{A}{A_0}+a_2\frac{B}{B_0}+a_3\frac{C}{C_0}+a_4\frac{D}{D_0}\right)$$

式中 P——调值后合同价款或工程实际结算款；

P_0——合同价款中工程预算进度款；

a_0——固定要素，代表合同支付中不能调整的部分；

a_1、a_2、a_3、a_4——代表有关成本要素（如：人工费用、钢材费用、水泥费用、运输费等）在合同总价中所占的比例 $a_0+a_1+a_2+a_3+a_4=1$；

A_0、B_0、C_0、D_0——基准日期与 a_1、a_2、a_3、a_4 对应的各项费用的基期价格指数或

价格；

A、B、C、D——与特定付款证书有关的期间最后一天的49天前与a_1、a_2、a_3、a_4对应的各成本要素的现行价格指数或价格。

各部分成本的比例系数在许多标书中要求承包方在投标时即提出，并在价格分析中予以论证。但也有的是由发包方在标书中即规定一个允许范围，由投标人在此范围内选定。因此，监理工程师在编制标书中，尽可能要确定合同价中固定部分和不同投入因素的比例系数和范围，招标时以给投标人留下选择的余地。

第五节 FIDIC合同条件下工程费用的支付

一、工程支付的范围和条件

1. 工程支付的范围

FIDIC合同条件所规定的工程支付的范围主要包括两部分，如图3-3所示。

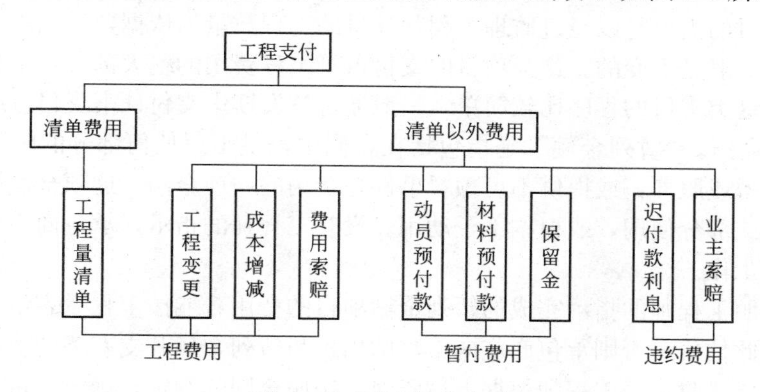

图3-3 工程支付的范围

一部分费用是工程量清单中的费用，这部分费用是承包商在投标时，根据合同条件的有关规定提出的报价，并经业主认可的费用。

另一部分费用是工程量清单以外的费用，这部分费用虽然在工程量清单中没有规定，但是在合同条件中却有明确的规定。因此它也是工程支付的一部分。

2. 工程支付的条件

(1) 质量合格是工程支付的必要条件。支付以工程计量为基础，计量必须以质量合格为前提。所以，并不是对承包商已完的工程全部支付，而只支付其中质量合格的部分，对于工程质量不合格的部分一律不予支付。

(2) 符合合同条件。一切支付均需要符合合同约定的要求，例如：动员预付款的支付款额要符合标书附录中规定的数量，支付的条件应符合合同条件的规定，即承包商提供履约保函和动员预付款保函之后才予以支付动员预付款。

(3) 变更项目必须有监理工程师的变更通知。没有监理工程师的指示承包商不得作任何变更。如果承包商没有收到指示就进行变更的话，他无理由就此类变更的费用要求补偿。

(4) 支付金额必须大于期中支付证书规定的最小限额。合同条件约定，如果在扣除保留金和其他金额之后的净额少于投标书附录中规定的期中支付证书的最小限额时，监理工程师没有义务开具任何支付证书。不予支付的金额将按月结转，直到达到或超过最低限额时才予以支付。

(5) 承包商的工作使监理工程师满意。为了确保监理工程师在工程管理中的核心地位，并通过经济手段约束承包商履行合同中规定的各项责任和义务，合同条件充分赋予了监理工程师有关支付方面的权力。对于承包商申请支付的项目，即使达到以上所述的支付条件，但承包商其他方面的工作未能使监理工程师满意，监理工程师可通过任何期中支付证书对他所签发过的任何原有的证书进行任何修正或更改，也有权在任何期中支付证书中删去或减少该工作的价值。

二、工程支付的项目

1. 工程量清单项目

工程量清单项目分为一般项目、暂列金额和计日工作三种。

(1) 一般项目的支付。一般项目是指工程量清单中除暂列金额和计日工作以外的全部项目。这类项目的支付是以经过监理工程师计量的工程数量为依据，乘以工程量清单中的单价，其单价一般是不变的。这类项目的支付占了工程费用的绝大部分，工程师应给予足够的重视。但这类支付的程序比较简单，一般通过签发期中支付证书支付进度款。

(2) 暂列金额。"暂列金额"是指包括在合同中，供工程任何部分的施工，或提供货物、材料、设备或服务，或提供不可预料事件之费用的一项金额。这项金额按照工程师的指示可能全部或部分使用，或根本不予动用。没有工程师的指示，承包商不能进行暂列金额项目的任何工作。

承包商按照工程师的指示完成的暂列金额项目的费用若能按工程量表中开列的费率和价格估价则按此估价，否则承包商应向工程师出示与暂列金额开支有关的所有报价单、发票、凭证、账单或收据。工程师根据上述资料，按照合同的约定，确定支付金额。

(3) 计日工作。计日工作是指承包商在工程量清单的附件中，按工种或设备填报单价的日工劳务费和机械台班费，一般用于工程量清单中没有合适项目，且不能安排大批量的流水施工的零星附加工作。只有当工程师根据施工进展的实际情况，指示承包商实施以日工计价的工作时，承包商才有权获得用日工计价的付款。使用计日工费用的计算一般采用下述方法：

1) 按合同中包括的计日工作计划表中所定项目和承包商在其投标书中所确定的费率和价格计算。

2) 对于清单中没有定价的项目，应按实际发生的费用加上合同中规定的费率计算有关的费用。承包商应向工程师提供可能需要的证实所付款额的收据或其他凭证，并且在订购材料之前，向工程师提交订货报价单供他批准。

对这类按计日工作制实施的工程，承包商应在该工程持续进行过程中，每天向工程师提交从事该工作的承包人员的姓名、职业和工时的确切清单，一式两份，以及表明所有该项工程所用的承包商设备和临时工程的标识、型号、使用时间和所用的生产设备和材料的数量和型号。

应当说明，由于承包商在投标时，计日工作的报价不影响他的评标总价，所以，一般计日工作的报价较高。在工程施工过程中，监理工程师应尽量少用或不用计日工这种形式，因为大部分采用计日工作形式实施的工程，也可以采用工程变更的形式。

2. 工程量清单以外项目

(1) 动员预付款。当承包商按照合同约定提交一份保函后，业主应支付一笔预付款，作为用于动员的无息贷款。预付款总额、分期预付的次数和时间安排(如次数多于一次)，及使用的货币和比例，应按投标书附录中的规定。

工程师收到承包商期中付款证书申请规定的报表，以及业主收到：①按照履约担保要求提交的履约担保；②由业主批准的国家(或其他司法管辖区)的实体，以专用条款所附格式或业主批准的其他格式签发的，金额和货币种类与预付款一致的保函后，应发出期中付款证书，作为首次分期预付款。

在还清预付款前，承包商应确保此保函一直有效并可执行，但其总额可根据付款证书列明的承包商付还的金额逐渐减少。如果保函条款中规定了期满日期，而在期满日期前28天预付款未还清时，承包商应将保函有效期延至预付款还清为止。

预付款应通过付款证书中按百分比扣减的方式付还。除非投标书附录中规定其他百分比。扣减应从确认的期中付款(不包括预付款、扣减款和保留金的付还)累计额超过中标合同金额减去暂列金额后余额的10%时的付款证书开始；扣减应按每次付款证书中的金额(不包括预付款、扣减额和保留金的付还)的25%的摊还比率，并按预付款的货币和比例计算，直到预付款还清为止。

如果在颁发工程接收证书前，或按照由业主终止、由承包商暂停和终止，或不可抗力的规定终止前，预付款尚未还清，则全部余额应立即成为承包商对业主的到期付款。

(2) 材料设备预付款。材料、设备预付款一般是指运至工地尚未用于工程的材料设备预付款。对承包商买进并运至工地的材料、设备，业主应支付无息预付款，预付款按材料设备的某一比例(通常为发票价的80%)支付。在支付材料设备预付款时，承包商需提交材料、设备供应合同或订货合同的影印件，要注明所供应材料的性质和金额等主要情况；材料已运到工地并经工程师认可其质量和储存方式。

材料、设备预付款按合同中的规定从承包商应得的工程款中分批扣除。扣除次数和各次扣除金额随工程性质不同而异，一般要求在合同规定的完工日期前至少3个月扣清，最好是材料设备一用完，该材料设备的预付款即扣还完毕。

(3) 保留金。保留金是为了确保在施工阶段，或在缺陷责任期间，由于承包商未能履行合同义务，由业主(或工程师)指定他人完成应由承包商承担的工作所发生的费用。保留金的限额一般为合同总价5%，从第一次付款证书开始，按投标函附录中标明的保留金百分率乘以当月末已实施的工程价值加上工程变更、法律改变和成本改变，应增加的任何款额，直到累计扣留达到保留金的限额为止。

根据FIDIC施工合同条件(1999年第一版)第14.9条规定，当已颁发工程接收证书时，工程师应确认将保留金的前一半支付给承包商。如果某分项工程或部分工程颁发了接收证书，保留金应按一定比例予以确认和支付。此比例应是该分项工程或部分工程估算的合同价值，除以估算的最终合同价格所得比例的40%。

在各缺陷通知期限的最末一个期满日期后，工程师应立即对付给承包商保留金未付的余额加以确认。如对某分项工程颁发了接收证书，保留金后一半的比例额在该分项工程的缺陷通知日期期限期满后，应立即予以确认和支付。此比例应是该分项工程的估算合同价值，除以估算的最终合同价格所得比例的40%。但如果在此时尚有任何工作要做，工程师应有权在这些工作完成前，暂不颁发这些工作估算费用的证书。在计算上述的各百分比时，无需考虑法规改变和成本改变所进行的任何调整。

（4）工程变更的费用。工程变更也是工程支付中的一个重要项目。工程变更费用的支付依据是工程变更令和工程师对变更项目所确定的变更费用，支付时间和支付方式也是列入期中支付证书予以支付。

（5）索赔费用。索赔费用的支付依据是工程师批准的索赔审批书及其计算而得的款额；支付时间则随工程月进度款一并支付。

（6）价格调整费用。价格调整费用按照合同条件规定的计算方法计算调整的款额。包括因法律改变和成本改变的调整。

（7）迟付款利息。如果承包商没有在按照合同规定的时间收到付款，承包商应有权就未付款额按月计算复利，收取延误期的融资费用。该延误期应认为从按照合同规定的支付日期算起，而不考虑颁发任何期中付款证书的日期。除非专用条件中另有规定，上述融资费用应以高出支付货币所在国中央银行的贴现率加3%的年利率进行计算，并应用同种货币支付。

承包商应有权得到上述付款，无需正式通知或证明，且不损害他的任何其他权利或补偿。

（8）业主索赔。业主索赔主要包括拖延工期的误期损害赔偿费和缺陷工程损失等。这类费用可从承包商的保留金中扣除，也可从支付给承包商的款项中扣除。

三、工程费用支付的程序

1. 承包商提出付款申请

工程费用支付的一般程序是首先由承包商提出付款申请，填报一系列工程师指定格式的月报表，说明承包商认为这个月他应得的有关款项。

2. 工程师审核，编制期中付款证书

工程师在28天内对承包商提交的付款申请进行全面审核，修正或删除不合理的部分，计算付款净金额。计算付款净金额时，应扣除该月应扣除的保留金、动员预付款、材料设备预付款、违约金等。若净金额小于合同规定的期中支付的最小限额时，则工程师不需开具任何付款证书。

3. 业主支付

业主收到工程师签发的付款证书后，按合同规定的时间支付给承包商。

四、工程支付的报表与证书

1. 月报表

月报表是指对每月完成的工程量的核算、结算和支付的报表。承包商应在每个月末后，按工程师批准的格式向工程师递交一式六份月报表，详细说明承包商自己认为有权得到的款额，以及包括按照进度报告的规定编制的相关进度报告在内的证明文件。该报表应包括下列项目：

(1) 截至月末已实施的工程和已提出的承包商文件的估算合同价值(包括各项变更，但不包括以下(2)～(7)项所列项目)；

(2) 按照合同中因法律改变的调整和因成本改变的调整的有关规定，应增减的任何款额；

(3) 至业主提取的保留金额达到投标书附录中规定的保留金限额(如果有)以前，用投标书附录中规定的保留金百分比计算的，对上述款项总额应减少的任何保留金额，即：保留金=[(1)+(2)]×保留金百分率；

(4) 按照合同中预付款的规定，因预付款的支付和付还，应增加和减少的任何款额；

(5) 按照合同中拟用于工程的生产设备和材料的规定，因生产设备和材料应增减的任何款额；

(6) 根据合同或包括索赔、争端与仲裁等其他规定，应付的任何其他增加或减少额；

(7) 所有以前付款证书中确认的减少额。

工程师应在收到上述月报表28天内向业主递交一份期中付款证书，并附详细说明。但是在颁发工程接收证书前，工程师无需签发金额(扣减保留金和其他应扣款项后)低于投标书附录中期中付款证书的最低额(如果有)的期中付款证书。在此情况下，工程师应通知承包商。工程师可在任一次付款证书中，对以前任何付款证书作出应有的任何改正或修改。付款证书不应被视为工程师接收、批准、同意或满意的表示。

2. 竣工报表

承包商在收到工程的接收证书后84天内，应向工程师送交竣工报表(一式六份)，该报表应附有按工程师批准的格式所编写的证明文件，并应详细说明以下几点：

(1) 截至工程接收证书载明的日期，按合同要求完成的所有工作的价值；

(2) 承包商认为应支付的任何其他款项，如所要求的索赔款等；

(3) 承包商认为根据合同规定应付给他的任何其他款项的估计款额。估计款额在竣工报表中应单独列出。

工程师应根据对竣工工程量的核算，对承包商其他支付要求的审核，确定应支付而尚未支付的金额，上报业主批准支付。

3. 最终报表和结清单

承包商在收到履约证书后56天内，应向工程师提交按照工程师批准的格式编制的最终报表草案并附证明文件，一式六份，详细列出：

(1) 根据合同应完成的所有工作的价值；

(2) 承包商认为根据合同或其他规定应支付给他的任何其他款额。

如承包商和工程师之间达成一致意见后，则承包商可向工程师提交正式的最终报表，承包商同时向业主提交一份书面结清单，进一步证实最终报表中按照合同应支付给承包商的总金额。如承包商和工程师未能达成一致，则工程师可对最终报表草案中没有争议的部分向业主签发期中支付证书。争议留待裁决委员会裁决。

4. 最终付款证书

工程师在收到正式最终报表及结清单之后28天内，应向业主递交一份最终付款证书，说明：

(1) 工程师认为按照合同最终应支付给承包商的款额；

（2）业主以前所有应支付和应得到的款额的收支差额。

如果承包商未申请最终付款证书，工程师应要求承包商提出申请。如果承包商未能在28天期限内提交此类申请，工程师应按其公正决定的应支付的此类款额颁发最终付款证书。

在最终付款证书送交业主56天内，业主应向承包商进行支付，否则应按投标书附录中的规定支付利息。如果56天期满之后再超过28天不支付，就构成业主违规。承包商递交最终付款证书后，就不能再要求任何索赔了。

5. 履约证书

履约证书应由工程师在整个工程的最后一个区段缺陷通知期限期满之后28天内颁发，这说明承包商已尽其义务完成施工和竣工并修补了其中的缺陷，达到了使工程师满意的程度。至此，承包商与合同有关的实际业务业已完成，但如业主或承包商任一方有未履行的合同义务时，合同仍然有效。履约证书发出后14天内业主应将履约保证退还给承包商。

第四章　建设工程进度控制

第一节　建设工程进度控制概述

一、进度控制的概念

建设工程进度控制是指对工程项目建设各阶段的工作内容、工作程序、持续时间和衔接关系根据进度总目标及资源优化配置的原则编制计划并付诸实施，然后在进度计划的实施过程中经常检查实际进度是否按计划要求进行，对出现的偏差情况进行分析，采取补救措施或调整、修改原计划后再付诸实施，如此循环，直到建设工程竣工验收交付使用。建设工程进度控制的最终目的是确保建设项目按预定的时间动用或提前交付使用，建设工程进度控制的总目标是建设工期。

二、影响工程进度计划执行因素的分析

由于建设工程具有规模庞大、工程结构与工艺技术复杂、建设周期长及相关单位多等特点，决定了建设工程进度将受到许多因素的影响。要想有效地控制建设工程进度，就必须对影响进度的有利因素和不利因素进行全面、细致的分析和预测。

影响建设工程进度计划执行的不利因素有很多，归纳起来，主要有以下几方面：

1. 工程建设相关单位的影响

在工程执行阶段，除了涉及承包单位、业主和监理单位三方外，还要与政府有关部门、设计单位、物资供应单位、资金贷款单位、运输单位、供电单位等发生千丝万缕的关系，他们对工作进度的拖后必将对项目进度产生影响。克服这些部门产生的不利影响的有效办法就是充分发挥自身的能动性，积极沟通，加强协作，并相互监督，坚持按合同办事。对无法进行协调控制的进度关系，在进度计划的安排中应留有足够的机动时间。

2. 物资供应进度的影响

项目执行过程中需要的材料、构配件、机具和设备等如果不能按期运抵施工现场或者是运抵施工现场后发现其质量不符合有关标准的要求，都会对施工进度产生影响。

3. 资金的影响

工程项目的顺利进行必须有足够的资金作保障。一般来说，资金的影响主要来自业主或由于没有及时支付足够的工程预付款，或者是由于拖欠了工程进度款，这些部分会影响到承包单位流动资金的周转，进而殃及施工进度。对于施工单位，解决的办法：一是对进度计划安排供应状况进行平衡；二是设法及时收取工程进度款；三是对占用资金的各要素进行计划，监理单位和业主确定进度目标时要根据资金提供能力及资金到位速度确定，以免因资金不足而拖延进度，导致工程索赔等不良后果。

4. 设计变更的影响

在施工过程中出现设计变更是难免的，或者是由于原设计有问题需要修改，或者是由于业主提出了新的要求。施工单位除了加强图纸审查进行一次性洽商外，还应根据有关合同进行经济和时间的索赔。

5. 施工条件的影响

在施工过程中一旦遇到气候、水文、地质及周围环境等方面的不利因素，必然会影响到施工进度。此时，承包单位应利用自身的技术、组织能力予以克服。

6. 各种风险因素的影响

风险因素包括政治、经济、技术及自然等方面的各种可预见或不可预见的因素。政治方面有战争、内乱、罢工、拒付债务、制裁等；经济方面的有延迟付款、汇率浮动、换汇控制、通货膨胀、分包单位违约等；技术方面的有工程事故、试验失败、标准变化等；自然方面的有地震、洪水等。承包单位必须有控制风险、减少风险损失及对进度的影响的措施。监理单位和业主应加强风险管理，对发生的风险事件给予恰当处理。

7. 承包单位自身管理水平的影响

施工现场的情况千变万化，如果承包单位的施工方案不当，计划不周，管理不善，解决问题不及时等，都会影响工程项目的施工进度。承包单位应通过总结分析吸取教训，及时改进，并通过接受监理改进工作。而监理工程师应提供服务、协助承包单位解决问题，以确保工程施工进度控制目标的实现。

正是由于上述诸多因素的影响，使得施工阶段的进度控制显得非常重要。在施工进度计划的实施过程中，项目管理者一旦掌握了工程的实际进展情况以及产生问题的原因之后，其影响是可以得到控制的。当然，上述某些影响因素，如自然灾害等是无法避免的，但在大多数情况下，其损失是可以通过有效的进度控制而得到弥补的。

三、进度控制的措施

为了实施进度控制，监理工程师必须根据建设工程的具体情况，认真制订进度控制措施，以确保建设工程进度控制目标的实现。进度控制的措施应包括组织措施、技术措施、经济措施及合同措施。

1. 组织措施

进度控制的组织措施主要包括：

(1) 建立进度控制目标体系，明确建设工程现场监理组织机构中进度控制人员及其职责分工；

(2) 建立工程进度报告制度及进度信息沟通网络；

(3) 建立进度计划审核制度和进度计划实施中的检查分析制度；

(4) 建立进度协调会议制度，包括协调会议举行的时间、地点、协调会议的参加人员等；

(5) 建立图纸审查、工程变更和设计变更管理制度。

2. 技术措施

进度控制的技术措施主要包括：

(1) 审查承包商提交的进度计划，使承包商能在合理的状态下施工；

(2) 编制进度控制工作细则，指导监理人员实施进度控制；

(3) 采用网络计划技术及其他科学适用的计划方法，并结合电子计算机的应用，对建设工程进度实施动态控制。

3. 经济措施

进度控制的经济措施主要包括：

(1) 及时办理工程预付款及工程进度款支付手续；

(2) 对应急赶工给予优厚的赶工费用；

(3) 对工期提前给予奖励；

(4) 对工程延误收取误期损失赔偿金。

4. 合同措施

进度控制的合同措施主要包括：

(1) 推行CM承发包模式，对建设工程实行分段设计、分段发包和分段施工；

(2) 加强合同管理，协调合同工期与进度计划之间的关系，保证合同中进度目标的实现；

(3) 严格控制合同变更，对各方提出的工程变更和设计变更，监理工程师应严格审查后再补入合同文件之中；

(4) 加强风险管理，在合同中应充分考虑风险因素及其对进度的影响，以及相应的处理方法；

(5) 加强索赔管理，公正地处理索赔。

第二节 建设工程进度计划的表示方法

建设工程进度计划的表示方法有多种，常用的有横道图和网络图两种表示方法。

一、横道图

横道图也称甘特图，是美国人甘特(Gantt)在20世纪20年代提出的。由于其形象、直观，且易于编制和理解，因而长期以来被广泛应用于建设工程进度控制之中。

用横道图表示的建设工程进度计划，一般包括两个基本部分，即左侧的工作名称及工作的持续时间等基本数据部分和右侧的横道线部分。该图能明确地表示出各项工作的划分、工作的开始时间和完成时间、工作的持续时间、工作之间的相互搭接关系，以及整个工程项目的开工时间、完工时间和总工期。

利用横道图表示工程进度计划，存在下列缺点：

(1) 不能明确地反映出各项工作之间错综复杂的相互关系，因而在计划执行过程中，当某些工作的进度由于某种原因提前或拖延时，不便于分析其对其他工作及总工期的影响程度，不利于建设工程进度的动态控制。

(2) 不能明确地反映出影响工期的关键工作和关键线路，也就无法反映出整个工程项目的关键所在，因而不便于进度控制人员抓住主要矛盾。

(3) 不能反映出工作所具有的机动时间，看不到计划的潜力所在，无法进行最合理的组织和指挥。

(4) 不能反映工程费用与工期之间的关系，因而不便于缩短工期和降低工程成本。

二、网络图

建设工程进度计划用网络图来表示，可以使建设工程进度得到有效控制。

1. 网络计划的特点

利用网络计划控制建设工程进度，可以弥补横道计划的许多不足。与横道计划相比，网络计划具有以下主要特点：

(1) 网络计划能够明确表达各项工作之间的逻辑关系。

所谓逻辑关系，是指各项工作之间的先后顺序关系。网络计划能够明确地表达各项工作之间的逻辑关系，对于分析各项工作之间的相互影响及处理它们之间的协作关系具有非常重要的意义，同时也是网络计划比横道计划先进的主要特征。

(2) 通过网络计划时间参数的计算，可以找出关键线路和关键工作。

关键线路是指在网络计划中从起点节点开始，沿箭线方向通过一系列箭线与节点，最后到达终点节点为止所形成的通路上所有工作持续时间总和最大的线路。关键线路上各项工作持续时间总和即为网络计划的工期，关键线路上的工作就是关键工作，关键工作的进度将直接影响到网络计划的工期。通过时间参数的计算，能够明确网络计划中的关键线路和关键工作，也就明确了工程进度控制中的工作重点，这对提高建设工程进度控制的效果具有非常重要的意义。

(3) 通过网络计划时间参数的计算，可以明确各项工作的机动时间。

所谓工作的机动时间，是指在执行进度计划时除完成任务所必需的时间外尚剩余的、可供利用的富余时间，亦称"时差"。在一般情况下，除关键工作外，其他各项工作(非关键工作)均有富余时间。这种富余时间可视为一种"潜力"，既可以用来支援关键工作，也可以用来优化网络计划，降低单位时间资源需求量。

(4) 网络计划可以利用电子计算机进行计算、优化和调整。

对进度计划进行优化和调整是工程进度控制工作中的一项重要内容。如果仅靠手工进行计算、优化和调整是非常困难的，必须借助于电子计算机。而且由于影响建设工程进度的因素有很多，只有利用电子计算机进行进度计划的优化和调整，才能适应实际变化的要求。网络计划就是这样一种模型，它能使进度控制人员利用电子计算机对工程进度计划进行计算、优化和调整。正是由于网络计划的这一特点，使其成为最有效的进度控制方法，从而受到普遍重视。

当然，网络计划也有其不足之处，比如不像横道计划那么直观明了等，但这可以通过绘制时标网络计划得到弥补。

2. 网络图中的相关概念

(1) 网络图及工作　网络图是由箭线和节点组成，用来表示工作流程的有向、有序网状图形。一个网络图表示一项计划任务。网络图中的工作是计划任务按需要粗细程度划分而成的、消耗时间或同时也消耗资源的一个子项目或子任务。工作可以是单位工程；也可以是分部工程、分项工程；一个施工过程也可以作为一项工作。

网络图有双代号网络图和单代号网络图两种。双代号网络图又称箭线式网络图，它是以箭线及其两端节点的编号表示工作；同时，节点表示工作的开始或结束以及工作之间的连接状态。单代号网络图又称节点式网络图，它是以节点及其编号表示工作，箭线表示工作之间的逻辑关系。

网络图中的节点都必须有编号，其编号严禁重复，并应使每一条箭线上箭尾节点编号小于箭头节点编号。

在双代号网络图中，一项工作必须有唯一的一条箭线和相应的一对不重复出现的箭尾、箭头节点编号。因此，一项工作的名称可以用其箭尾和箭头节点编号来表示。

在双代号网络图中，有时存在虚箭线，虚箭线不代表实际工作，称之为虚工作。虚工作既不消耗时间，也不消耗资源。虚工作主要用来表示相邻两项工作之间的逻辑关系。但有时为了避免两项同时开始、同时进行的工作具有相同的开始节点和完成节点，也需要用虚工作加以区分。

(2) 工艺关系　生产性工作之间由工艺过程决定的、非生产性工作之间由工作程序决定的先后顺序关系称为工艺关系。

(3) 组织关系　工作之间由于组织安排需要或资源(劳动力、原材料、施工机具等)调配需要而规定的先后顺序关系称为组织关系。

(4) 紧前工作　在网络图中，相对于某工作而言，紧排在该工作之前的工作称为该工作的紧前工作。在双代号网络图中，工作与其紧前工作之间可能有虚工作存在。

(5) 紧后工作　在网络图中，相对于某工作而言，紧排在该工作之后的工作称为该工作的紧后工作。在双代号网络图中，工作与其紧后工作之间也可能有虚工作存在。

(6) 平行工作　在网络图中，相对于某工作而言，可以与该工作同时进行的工作即为该工作的平行工作。

(7) 先行工作　相对于某工作而言，从网络图的第一个节点(起点节点)开始，顺箭头方向经过一系列箭线与节点到达该工作为止的各条通路上的所有工作，都称为该工作的先行工作。

(8) 后续工作　相对于某工作而言，从该工作之后开始，顺箭头方向经过一系列箭线与节点到网络图最后一个节点(终点节点)的各条通路上的所有工作，都称为该工作的后续工作。

(9) 线路　网络图中从起点节点开始，沿箭头方向顺序通过一系列箭线与节点，最后到达终点节点的通路称为线路。线路既可依次用该线路上的节点编号来表示，也可依次用该线路上的工作名称来表示。

(10) 关键线路　线路上所有工作的持续时间总和称为该线路的总持续时间。总持续时间最长的线路称为关键线路，关键线路的长度就是网络计划的总工期。关键线路可能不止一条，而且在网络计划执行过程中，关键线路还会发生转移。

(11) 关键工作　关键线路上的工作称为关键工作。在网络计划的实施过程中，关键工作的实际进度提前或拖后，均会对总工期产生影响。因此，关键工作的实际进度是建设工程进度控制工作中的重点。

第三节　双代号网络计划的绘制

我国《工程网络计划技术规程》(JGJ/T 121—99) 推荐常用的工程网络计划类型包括：双代号网络计划，单代号网络计划，双代号时标网络计划，单代号搭接网络计划。这节主要讨论双代号网络图的绘制。

在绘制双代号网络计划时，一般应遵循以下基本规则：

(1) 网络图必须按照已定的逻辑关系绘制。由于网络图是有向、有序网状图形，所以其必须严格按照工作之间的逻辑关系绘制，这同时也是为保证工程质量和资源优化配置及合理使用所必需的。例如，已知工作之间的逻辑关系见表 4-1，若绘出网络图 4-1(*a*)则是错误的，因为工作 *A* 不是工作 *D* 的紧前工作。此时，可用虚箭线将工作 *A* 和工作 *D* 的联系断开，如图 4-1(*b*)所示。

逻辑关系表 **表 4-1**

工　作	*A*	*B*	*C*	*D*
紧前工作	—	—	*A*、*B*	*B*

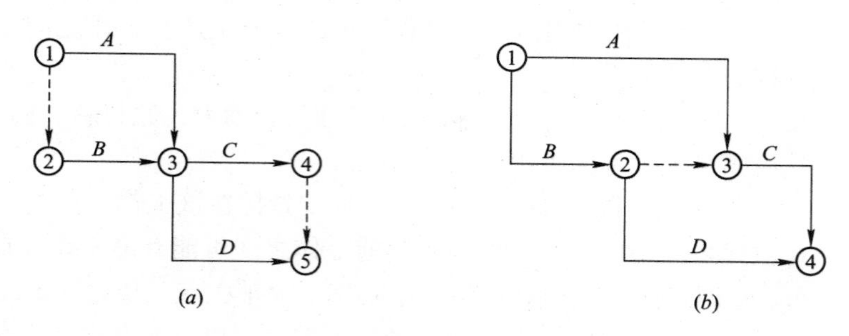

图 4-1　按表 4-1 绘制的网络图

(*a*)错误画法；(*b*)正确画法

(2) 网络图中严禁出现从一个节点出发，顺箭头方向又回到原出发点的循环回路。如果出现循环回路，会造成逻辑关系混乱，使工作无法按顺序进行。如图 4-2 所示，网络图中存在不允许出现的循环回路 *BCGF*。当然，此时节点编号也发生错误。

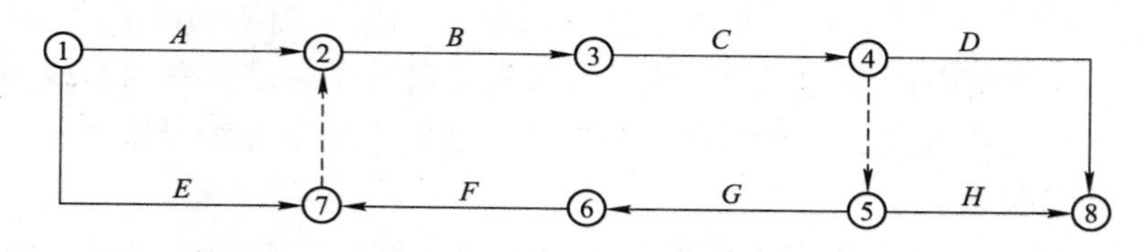

图 4-2　存在循环回路的错误网络图

(3) 网络图中的箭线(包括虚箭线，以下同)应保持自左向右的方向，不应出现箭头指向左方的水平箭线和箭头偏向左方的斜向箭线。若遵循该规则绘制网络图，就不会出现循环回路。

(4) 网络图中严禁出现双向箭头和无箭头的连线。图 4-3 所示即为错误的工作箭线画法，因为工作进行的方向不明确，因而不能达到网络图有向的要求。

图 4-3　错误的工作箭线画法

(*a*)节点之间出现双向箭头的箭线；(*b*)节点之间出现无箭头的箭线

（5）网络图中严禁出现没有箭尾节点的箭线和没有箭头节点的箭线。图 4-4 即为错误的画法。

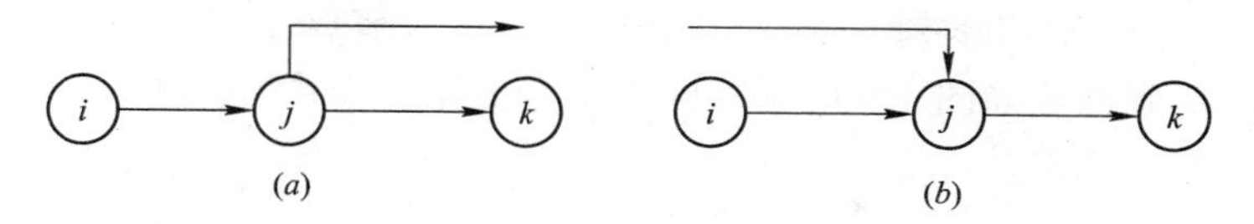

图 4-4 错误的画法

(a)存在没有箭尾节点的箭线；(b)存在没有箭头节点的箭线

（6）严禁在箭线上引入或引出箭线，图 4-5 即为错误的画法。

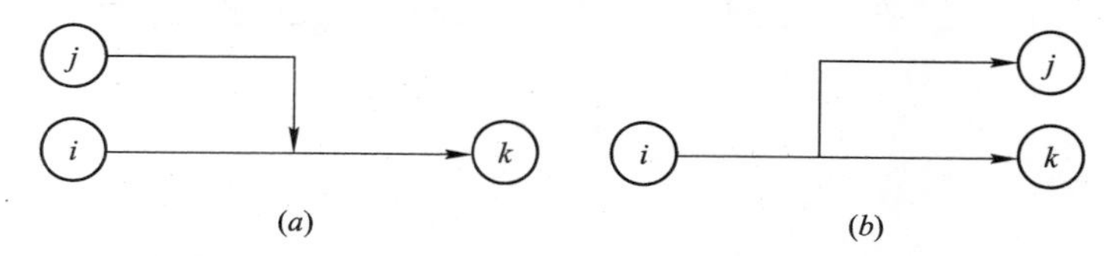

图 4-5 错误的画法

(a)在箭线上引入箭线；(b)在箭线上引出箭线

但当网络图的起点节点有多条箭线引出（外向箭线）或终点节点有多条箭线引入（内向箭线）时，为使图形简洁，可用母线法绘图。即：将多条箭线经一条共用的垂直线段从起点节点引出，或将多条箭线经一条共用的垂直线段引入终点节点，如图 4-6 所示。对于特殊线型的箭线，如粗箭线、双箭线、虚箭线、彩色箭线等，可在从母线上引出的支线上标出。

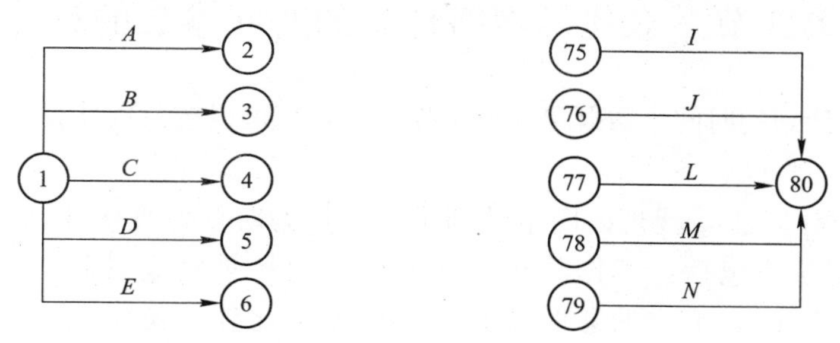

图 4-6 母线法

（7）应尽量避免网络图中工作箭线的交叉。当交叉不可避免时，可以采用过桥法或指向法处理，如图 4-7 所示。

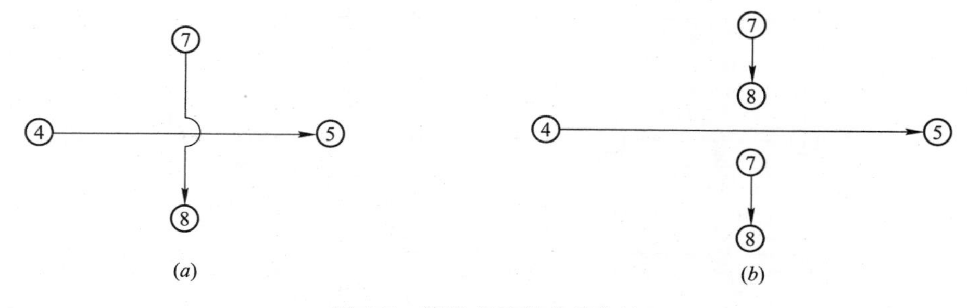

图 4-7 箭线交叉的表示方法

(a)过桥法；(b)指向法

(8) 网络图中应只有一个起点节点和一个终点节点(任务中部分工作需要分期完成的网络计划除外)。除网络图的起点节点和终点节点外，不允许出现没有外向箭线的节点和没有内向箭线的节点。图 4-8 所示网络图中有两个起点节点①和②，两个终点节点⑦和⑧。该网络图的正确画法如图 4-9 所示，即将节点①和②合并为一个起点节点，将节点⑦和⑧合并为一个终点节点。

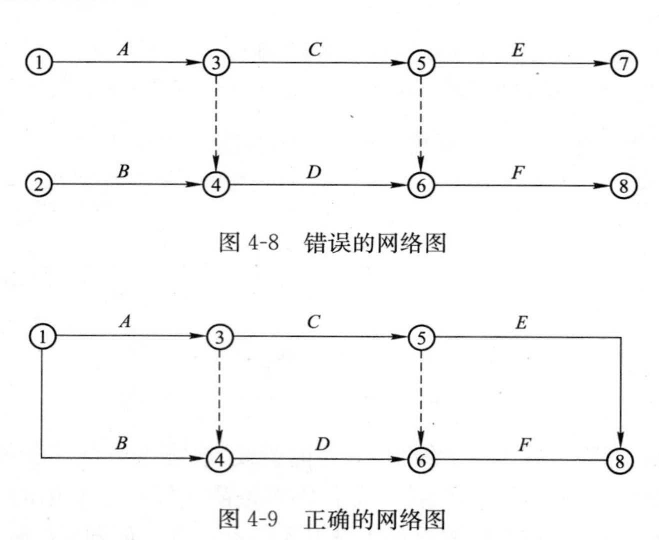

图 4-8 错误的网络图

图 4-9 正确的网络图

第四节 双代号网络计划的时间参数的计算

双代号网络计划的时间参数既可以按工作计算，也可以按节点计算，下面以工作计算法为例说明。

所谓按工作计算法，就是以网络计划中的工作为对象，直接计算各项工作的时间参数。这些时间参数包括：工作的最早开始时间和最早完成时间、工作的最迟开始时间和最迟完成时间、工作的总时差和自由时差。此外，还应计算网络计划的计算工期。

现以图 4-10 所示双代号网络计划为例，说明按工作计算法计算时间参数的过程。其计算结果如图 4-11 所示。

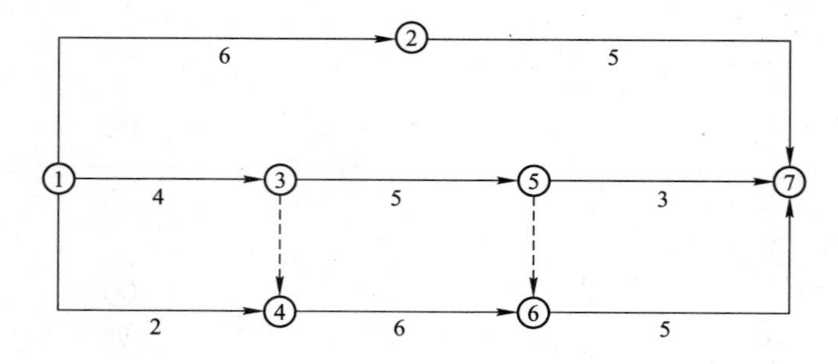

图 4-10 双代号网络计划

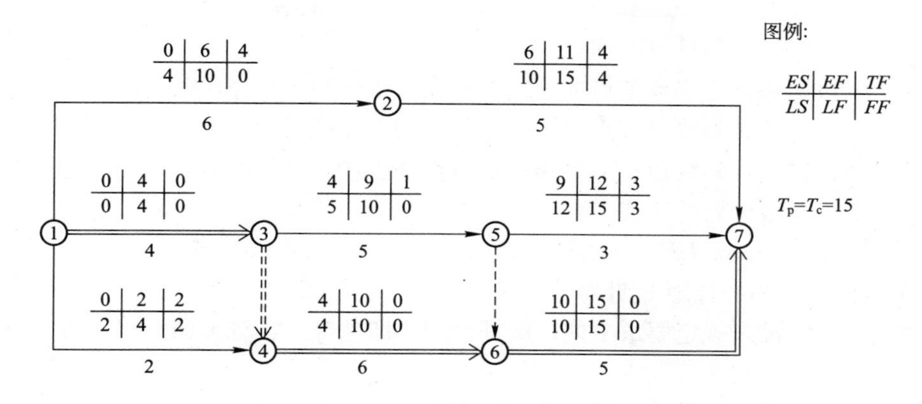

图 4-11 双代号网络计划(六时标注法)

1. 计算工作的最早开始时间和最早完成时间

工作最早开始时间和最早完成时间的计算应从网络计划的起点节点开始，顺着箭线方向依次进行。其计算步骤如下：

(1) 以网络计划起点节点为开始节点的工作，当未规定其最早开始时间时，其最早开始时间为零。例如在本例中，工作 1—2、工作 1—3 和工作 1—4 的最早开始时间都为零，即：

$$ES_{1-2}=ES_{1-3}=ES_{1-4}=0$$

(2) 工作的最早完成时间可利用公式(4-1)进行计算：

$$EF_{i-j}=ES_{i-j}+D_{i-j} \tag{4-1}$$

式中 EF_{i-j}——工作 i—j 的最早完成时间；

ES_{i-j}——工作 i—j 的最早开始时间；

D_{i-j}——工作 i—j 的持续时间。

例如在本例中，工作 1—2、工作 1—3 和工作 1—4 的最早完成时间分别为：

工作 1—2：$EF_{1-2}=ES_{1-2}+D_{1-2}=0+6=6$

工作 1—3：$EF_{1-3}=ES_{1-3}+D_{1-3}=0+4=4$

工作 1—4：$EF_{1-4}=ES_{1-4}+D_{1-4}=0+2=2$

(3) 其他工作的最早开始时间应等于其紧前工作最早完成时间的最大值，即：

$$ES_{i-j}=\max\{EF_{h-i}\}=\max\{ES_{h-i}+D_{h-i}\} \tag{4-2}$$

式中 ES_{i-j}——工作 i—j 的最早开始时间；

EF_{h-i}——工作 i—j 的紧前工作 h—i(非虚工作)的最早完成时间；

ES_{h-i}——工作 i—j 的紧前工作 h—i(非虚工作)的最早开始时间；

D_{h-i}——工作 i—j 的紧前工作 h—i(非虚工作)的持续时间。

例如在本例中，工作 3—5 和工作 4—6 的最早开始时间分别为：

$$ES_{3-5}=EF_{1-3}=4$$

$$ES_{4-6}=\max\{EF_{1-3},\ EF_{1-4}\}=\max\{4,\ 2\}=4$$

(4) 网络计划的计算工期应等于以网络计划终点节点为完成节点的工作的最早完成时间的最大值，即：

$$T_c = \max\{EF_{i-n}\} = \max\{ES_{i-n} + D_{i-n}\} \tag{4-3}$$

式中 T_c——网络计划的计算工期；

EF_{i-n}——以网络计划终点节点 n 为完成节点的工作的最早完成时间；

ES_{i-n}——以网络计划终点节点 n 为完成节点的工作的最早开始时间；

D_{i-n}——以网络计划终点节点 n 为完成节点的工作的持续时间。

在本例中，网络计划的计算工期为：

$$T_c = \max\{EF_{2-7}，EF_{5-7}，EF_{6-7}\} = \max\{11，12，15\} = 15$$

2. 确定网络计划的计划工期

在本例中，假设未规定要求工期，则其计划工期就等于计算工期，即：

$$T_P = T_C = 15$$

计划工期应标注在网络计划终点节点的右上方，如图 4-11 所示。

3. 计算工作的最迟完成时间和最迟开始时间

工作最迟完成时间和最迟开始时间的计算应从网络计划的终点节点开始，逆着箭线方向依次进行。其计算步骤如下：

(1) 以网络计划终点节点为完成节点的工作，其最迟完成时间等于网络计划的计划工期，即：

$$LF_{i-n} = T_p \tag{4-4}$$

式中 LF_{i-n}——以网络计划终点节点 n 为完成节点的工作的最迟完成时间；

T_p——网络计划的计划工期。

例如在本例中，工作 2—7、工作 5—7 和工作 6—7 的最迟完成时间为：

$$LF_{2-7} = LF_{5-7} = LF_{6-7} = T_P = 15$$

(2) 工作的最迟开始时间可利用公式(4-5)进行计算：

$$LS_{i-j} = LF_{i-j} - D_{i-j} \tag{4-5}$$

式中 LS_{i-j}——工作 i—j 的最迟开始时间；

LF_{i-j}——工作 j—j 的最迟完成时间；

D_{i-j}——工作 i—j 的持续时间；

例如在本例中，工作 2—7、工作 5—7 和工作 6—7 的最迟开始时间分别为：

$$LS_{2-7} = LF_{2-7} - D_{2-7} = 15 - 5 = 10$$

$$LS_{5-7} = LF_{5-7} - D_{5-7} = 15 - 3 = 12$$

$$LS_{6-7} = LF_{6-7} - D_{6-7} = 15 - 5 = 10$$

(3) 其他工作的最迟完成时间应等于其紧后工作最迟开始时间的最小值，即：

$$LF_{i-j} = \min\{LS_{j-k}\} = \min\{LF_{j-k} - D_{j-k}\} \tag{4-6}$$

式中 LF_{i-j}——工作 i—j 的最迟完成时间；

LS_{j-k}——工作 i—j 的紧后工作 j—k(非虚工作)的最迟开始时间；

F_{j-k}——工作 i—j 的紧后工作 j—k(非虚工作)的最迟完成时间；

D_{j-k}——工作 i—j 的紧后工作 j—k(非虚工作)的持续时间。

例如在本例中，工作 3—5 和工作 4—6 的最迟完成时间分别为：

$$LF_{3-5} = \min\{LS_{5-7}，LS_{6-7}\} = \min\{12，10\} = 10$$

$$LF_{4-6} = LS_{6-7} = 10$$

4. 计算工作的总时差

工作的总时差等于该工作最迟完成时间与最早完成时间之差，或该工作最迟开始时间与最早开始时间之差，即：

$$TF_{i-j}=LF_{i-j}-EF_{i-j}=LS_{i-j}-ES_{i-j} \tag{4-7}$$

式中 TF_{i-j}——工作 i—j 的总时差；

其余符号同前。

例如在本例中，工作 3—5 的总时差为：

$$TF_{3-5}=LF_{3-5}-EF_{3-5}=10-9=1$$

或

$$TF_{3-5}=LS_{3-5}-ES_{3-5}=5-4=1$$

5. 计算工作的自由时差

工作自由时差的计算应按以下两种情况分别考虑：

(1) 对于有紧后工作的工作，其自由时差等于本工作的紧后工作最早开始时间减本工作最早完成时间所得之差的最小值，即：

$$\begin{aligned}FF_{i-j}&=\min\{ES_{j-k}-EF_{i-j}\}\\&=\min\{ES_{j-k}-ES_{i-j}-D_{i-j}\}\end{aligned} \tag{4-8}$$

式中 FF_{i-j}——工作 i—j 的自由时差；

ES_{j-k}——工作 i—j 的紧后工作 j—k(非虚工作)的最早开始时间；

EF_{i-j}——工作 i—j 的最早完成时间；

ES_{i-j}——工作 i—j 的最早开始时间；

D_{i-j}——工作 i—j 的持续时间。

例如在本例中，工作 1—4 和工作 3—5 的自由时差分别为：

$$FF_{1-4}=ES_{4-6}-EF_{1-4}=4-2=2$$

$$\begin{aligned}FF_{3-5}&=\min\{ES_{5-7}-EF_{3-5}，ES_{6-7}-EF_{3-5}\}\\&=\min\{9-9，10-9\}\\&=0\end{aligned}$$

(2) 对于无紧后工作的工作，也就是以网络计划终点节点为完成节点的工作，其自由时差等于计划工期与本工作最早完成时间之差，即：

$$FF_{i-n}=T_P-EF_{i-n}=T_P-ES_{i-n}-D_{i-n} \tag{4-9}$$

式中 FF_{i-n}——以网络计划终点节点 n 为完成节点的工作 i—n 的自由时差；

T_P——网络计划的计划工期；

EF_{i-n}——以网络计划终点节点 n 为完成节点的工作 i—n 的最早完成时间；

ES_{i-n}——以网络计划终点节点 n 为完成节点的工作 i—n 的最早开始时间；

D_{i-n}——以网络计划终点节点 n 为完成节点的工作 i—n 的持续时间。

例如在本例中，工作 2—7、工作 5—7 和工作 6—7 的自由时差分别为：

$$FF_{2-7}=T_p-EF_{2-7}=15-11=4$$

$$FF_{5-7}=T_p-EF_{5-7}=15-12=3$$

$$FF_{6-7}=T_p-EF_{6-7}=15-15=0$$

需要指出的是，对于网络计划中以终点节点为完成节点的工作，其自由时差与总时差相等。此外，由于工作的自由时差是其总时差的构成部分，所以，当工作的总时差为零时，其自由时差必然为零，可不必进行专门计算，例如在本例中，工作 1—3、工作 4—6 和工作 6—7 的总时差全部为零，故其自由时差也全部为零。

6. 确定关键工作和关键线路

(1) 计算法

在网络计划中，总时差最小的工作为关键工作。特别地，当网络计划的计划工期等于计算工期时，总时差为零的工作就是关键工作。例如在本例中，工作 1—3、工作 4—6 和工作 6—7 的总时差均为零，故它们都是关键工作。

找出关键工作之后，将这些关键工作首尾相连，便至少构成一条从起点节点到终点节点的通路，通路上各项工作的持续时间总和最大的就是关键线路。在关键线路上可能有虚工作存在。

关键线路一般用粗箭线或双线箭线标出，也可以用彩色箭线标出。例如在本例中，线路①—③—④—⑥—⑦即为关键线路。关键线路上各项工作的持续时间总和应等于网络计划的计算工期，这一特点也是判别关键线路是否正确的准则。

在上述计算过程中，是将每项工作的六个时间参数均标注在图中，故称为六时标注法，如图 4-11 所示，为使网络计划的图面更加简洁，在双代号网络计划中，除各项工作的持续时间以外，通常只需标注两个最基本的时间参数——各项工作的最早开始时间和最迟开始时间即可，而工作的其他四个时间参数(最早完成时间、最迟完成时间、总时差和自由时差)均可根据：工作的最早开始时间、最迟开始时间及持续时间导出。这种方法称为二时标注法，如图 4-12 所示。

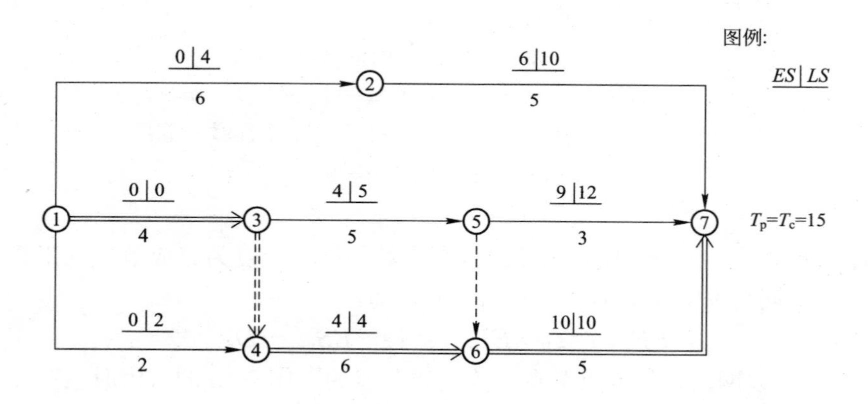

图 4-12 双代号网络计划(二时标注法)

(2) 标号法

标号法是一种快速寻求网络计划计算工期和关键线路的方法。它利用按节点计算法的基本原理，对网络计划中的每一个节点进行标号，然后利用标号值确定网络计划的计算工期和关键线路。

下面仍以图 4-10 所示网络计划为例，说明标号法的计算过程。其计算结果如图 4-13 所示。

(1) 网络计划起点节点的标号值为零。例如在本例中，节点①的标号值为零，即：

$$b_1 = 0$$

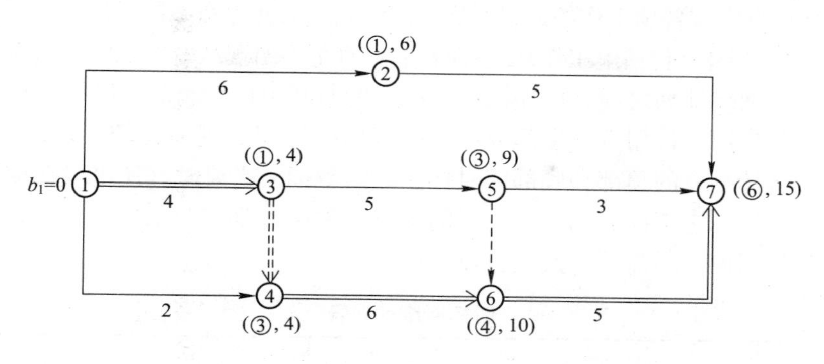

图 4-13 双代号网络计划(标号法)

(2) 其他节点的标号值应根据公式(4-10)按节点编号从小到大的顺序逐个进行计算：

$$b_j = \max\{b_i + D_{i-j}\} \tag{4-10}$$

式中 b_j——工作 $i—j$ 的完成节点 j 的标号值；

b_i——工作 $i—j$ 的开始节点 i 的标号值；

D_{i-j}——工作 $i—j$ 的持续时间。

例如在本例中，节点③和节点④的标号值分别为：

$$b_3 = b_1 + D_{1-3} = 0 + 4 = 4$$

$$\begin{aligned} b_4 &= \max\{b_1 + D_{1-4}，b_3 + D_{3-4}\} \\ &= \max\{0+2，4+0\} \\ &= 4 \end{aligned}$$

当计算出节点的标号值后，应该用其标号值及其源节点对该节点进行双标号。所谓源节点，就是用来确定本节点标号值的节点。例如在本例中，节点④的标号值 4 是由节点③所确定，故节点④的源节点就是节点③。如果源节点有多个，应将所有源节点标出。

(3) 网络计划的计算工期就是网络计划终点节点的标号值。例如在本例中，其计算工期就等于终点节点⑦的标号值 15。

(4) 关键线路应从网络计划的终点节点开始，逆着箭线方向按源节点确定。例如在本例中，从终点节点⑦开始，逆着箭线方向按源节点可以找出关键线路为①—③—④—⑥—⑦。

第五节 双代号时标网络计划的绘制

双代号时标网络计划(简称时标网络计划)必须以水平时间坐标为尺度表示工作时间。时标的时间单位应根据需要在编制网络计划之前确定，可以是小时、天、周、月或季度等。在时标网络计划中，以实箭线表示工作，实箭线的水平投影长度表示该工作的持续时间；以虚箭线表示虚工作，由于虚工作的持续时间为零，故虚箭线只能垂直画；以波形线表示工作与其紧后工作之间的时间间隔(以终点节点为完成节点的工作除外，当计划工期等于计算工期时，这些工作箭线中波形线的水平投影长度表示其自由时差)。时标网络计划既具有网络计划的优点，又具有横道计划直观易懂的优点，它将网络计划的时间参数直观地表达出来。

时标网络计划宜按各项工作的最早开始时间编制。为此，在编制时标网络计划时应使每一个节点和每一项工作(包括虚工作)尽量向左靠，直至不出现从右向左的逆向箭线为止。

在编制时标网络计划之前，应先按已经确定的时间单位绘制时标网络计划表。时间坐标可以标注在时标网络计划表的顶部或底部。当网络计划的规模比较大，且比较复杂时，可以在时标网络计划表的顶部和底部同时标注时间坐标。必要时，还可以在顶部时间坐标之上或底部时间坐标之下同时加注日历时间。时标网络计划表见表 4-2。表中部的刻度线宜为细线。为使图面清晰简洁，此线也可不画或少画。

时标网络计划表 **表 4-2**

日历															
(时间单位)	2	3	4	5	6	7	8	9	10	11	12	13	14	15	16
网络计划															
(时间单位)	2	3	4	5	6	7	8	9	10	11	12	13	14	15	16

编制时标网络计划应先绘制无时标的网络计划草图，然后按间接绘制法或直接绘制法进行。

一、间接绘制法

所谓间接绘制法，是指先根据无时标的网络计划草图计算其时间参数并确定关键线路，然后在时标网络计划表中进行绘制。在绘制时应先将所有节点按其最早时间定位在时标网络计划表中的相应位置，然后再用规定线型(实箭线和虚箭线)按比例绘出工作和虚工作。当某些工作箭线的长度不足以到达该工作的完成节点时，须用波形线补足，箭头应画在与该工作完成节点的连接处。

二、直接绘制法

所谓直接绘制法，是指不计算时间参数而直接按无时标的网络计划草图绘制时标网络计划。现以图 4-14 所示网络计划为例，说明时标网络计划的绘制过程。

(1) 将网络计划的起点节点定位在时标网络计划表的起始刻度线上。如图 4-15 所示，节点①就是定位在时标网络计划表的起始刻度线“0”位置上。

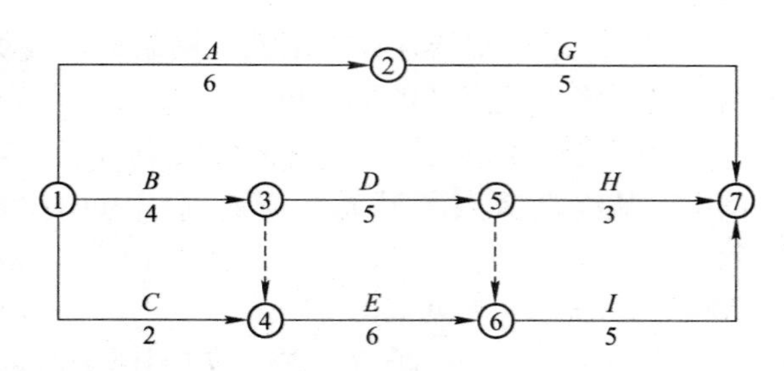

图 4-14 双代号网络计划

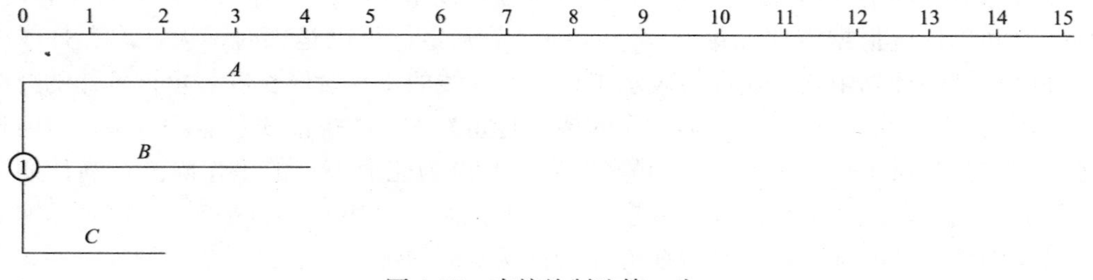

图 4-15 直接绘制法第一步

（2）按工作的持续时间绘制以网络计划起点节点为开始节点的工作箭线。如图 4-15 所示，分别绘出工作箭线 A、B 和 C。

（3）除网络计划的起点节点外，其他节点必须在所有以该节点为完成节点的工作箭线均绘出后，定位在这些工作箭线中最迟的箭线末端。当某些工作箭线的长度不足以到达该节点时，须用波形线补足，箭头画在与该节点的连接处。例如在本例中，节点②直接定位在工作箭线 A 的末端；节点③直接定位在工作箭线 B 的末端；节点④的位置需要在绘出虚箭线 3—4 之后，定位在工作箭线 C 和虚箭线 3—4 中最迟的箭线末端，即坐标“4”的位置上。此时，工作箭线 C 的长度不足以到达节点④，因而用波形线补足，如图 4-16 所示。

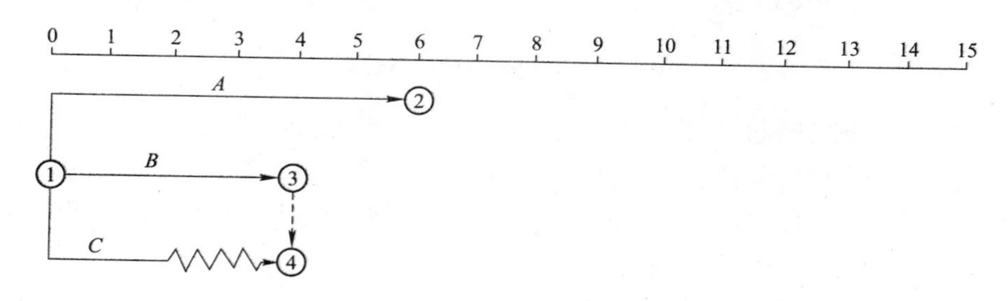

图 4-16 直接绘制法第二步

（4）当某个节点的位置确定之后，即可绘制以该节点为开始节点的工作箭线。例如在本例中，在图 4-16 基础之上，可以分别以节点②、节点③和节点④为开始节点绘制工作箭线 G、工作箭线 D 和工作箭线 E，如图 4-17 所示。

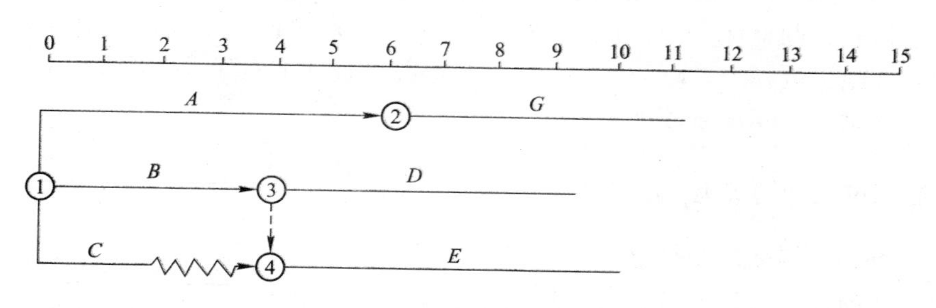

图 4-17 直接绘制法第三步

（5）利用上述方法从左至右依次确定其他各个节点的位置，直至绘出网络计划的终点节点。例如在本例中，在图 4-17 基础之上，可以分别确定节点⑤和节点⑥的位置，并在它们之后分别绘制工作箭线 H 和工作箭线 I，如图 4-18 所示。

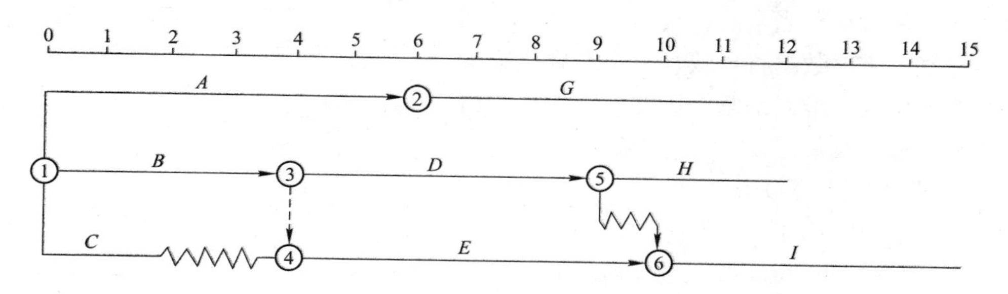

图 4-18 直接绘制法第四步

最后，根据工作箭线G、工作箭线H和工作箭线I确定出终点节点的位置。本例所对应的时标网络计划如图4-19所示，图中双箭线表示的线路为关键线路。

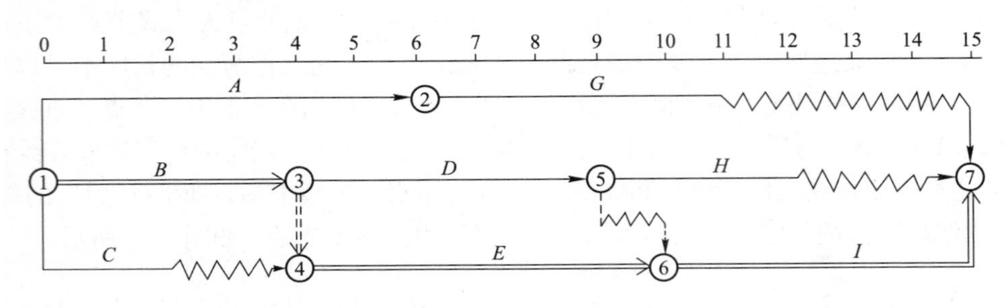

图4-19 双代号时标网络计划

在绘制时标网络计划时，特别需要注意的问题是处理好虚箭线。首先，应将虚箭线与实箭线等同看待，只是其对应工作的持续时间为零；其次，尽管它本身没有持续时间，但可能存在波形线，因此，要按规定画出波形线。在画波形线时，其垂直部分仍应画为虚线（如图4-19所示时标网络计划中的虚箭线5—6）。

第六节 进度计划实施中的监测与调整

施工进度的监测，实际上是融会贯穿于进度计划实施的始终。为了进行有效的进度控制，两者不能决然分开。施工进度的检查是进度计划实施情况信息的主要来源，又是分析问题、采取措施、调整计划的依据；施工进度的监督是保证进度计划顺利实现的有效手段。因此，在施工进程中，应经常地、定期地跟踪检查施工实际进度情况，并切实做好监督工作（图4-20）。其主要步骤如下。

一、施工进度计划实施中的监测

跟踪检查施工实际进度是分析施工进度、调整施工进度的前提。其目的是收集实际施工进度的有关数据。对进度计划的执行情况进行跟踪检查是计划执行信息的主要来源，是进度分析和调整的依据，也是进度控制的关键步骤。跟踪检查的主要工作是定期收集反映工程实际进度的有关数据，收集的数据应当全面、真实、可靠，不完整或不正确的进度数据将导致判断不准确或决策失误。为了全面、准确地掌握进度计划的执行情况，工程师应认真做好以下三方面的工作。

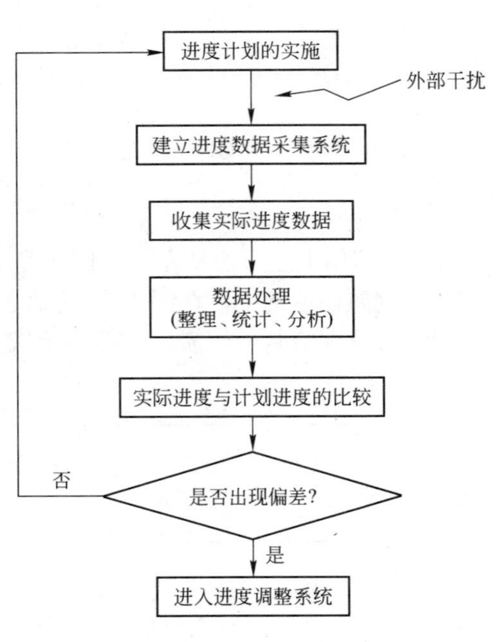

图4-20 建设工程进度监测系统过程

1. 定期收集进度报表资料

进度报表是反映工程实际进度的主要方式之一。进度计划执行单位应按照进度监理制度规定的时间和报表内容，定期填写进度报表。工程师通过收集进度报表资料掌握工程实际进展情况。

2. 现场实地检查工程进展情况

随时检查进度计划的实际执行情况，这样可以加强进度监测工作，掌握工程实际进度的第一手资料，使获取的数据更加及时、准确。

3. 定期召开现场会议

定期召开现场会议，工程师通过与进度计划执行单位的有关人员面对面的交谈，既可以了解工程实际进度状况，同时也可以协调有关方面的进度关系。

一般说来，进度控制的效果与收集数据资料的时间间隔有关。究竟多长时间进行一次进度检查，这是工程师应当确定的问题。如果不经常地、定期地收集实际进度数据，就难以有效地控制实际进度。进度检查的时间间隔与工程项目的类型、规模、监理对象及有关条件等多方面因素相关，可视工程的具体情况，每月、每半月或每周进行一次检查。在特殊情况下，甚至需要每日进行一次进度检查。

4. 实际进度数据的加工处理

为了进行实际进度与计划进度的比较，必须对收集到的实际进度数据进行加工处理，形成与计划进度具有可比性的数据。例如，对检查时段实际完成工作量的进度数据进行整理、统计和分析，确定本期累计完成的工作量、本期已完成的工作量占计划总工作量的百分比等。

5. 实际进度与计划进度的对比分析

将实际进度数据与计划进度数据进行比较，可以确定建设工程实际执行状况与计划目标之间的差距。为了直观反映实际进度偏差，通常采用表格或图形进行实际进度与计划进度的对比分析，从而得出实际进度比计划进度超前、滞后还是一致的结论。

二、进度计划实施中的调整方法

通过检查分析，如果发现原有进度计划不能适应实际情况时，为了确保进度控制目标的实现或需要确定新的计划目标，就必须对原有进度计划进行调整，以形成新的进度计划，作为进度控制的新依据。

1. 分析进度偏差对后续工作及总工期的影响

在工程项目实施过程中，当通过实际进度与计划进度的比较，发现有进度偏差时，需要分析该偏差对后续工作及总工期的影响，从而采取相应的调整措施对原进度计划进行调整，以确保工期目标的顺利实现。进度偏差的大小及其所处的位置不同，对后续工作和总工期的影响程度是不同的，分析时需要利用网络计划中工作总时差和自由时差的概念进行判断。分析步骤如下：

(1) 分析出现进度偏差的工作是否为关键工作

如果出现进度偏差的工作位于关键线路上，即该工作为关键工作，则无论其偏差有多大，都将对后续工作和总工期产生影响，必须采取相应的调整措施；如果出现偏差的工作是非关键工作，则需要根据进度偏差值与总时差和自由时差的关系作进一步分析。

(2) 分析进度偏差是否超过总时差

如果工作的进度偏差大于该工作的总时差，则此进度偏差必将影响其后续工作和总工期，必须采取相应的调整措施；如果工作的进度偏差未超过该工作的总时差，则此进度偏差不影响总工期。至于对后续工作的影响程度，还需要根据偏差值与其自由时差的关系做进一步分析。

(3) 分析进度偏差是否超过自由时差

如果工作的进度偏差大于该工作的自由时差，则此进度偏差将对其后续工作产生影响，此时应根据后续工作的限制条件确定调整方法；如果工作的进度偏差未超过该工作的自由时差，则此进度偏差不影响后续工作，因此，原进度计划可以不做调整。

进度偏差的分析判断过程如图 4-21 所示。通过分析，进度控制人员可以根据进度偏差的影响程度，制订相应的纠偏措施进行调整，以获得符合实际进度情况和计划目标的新进度计划。

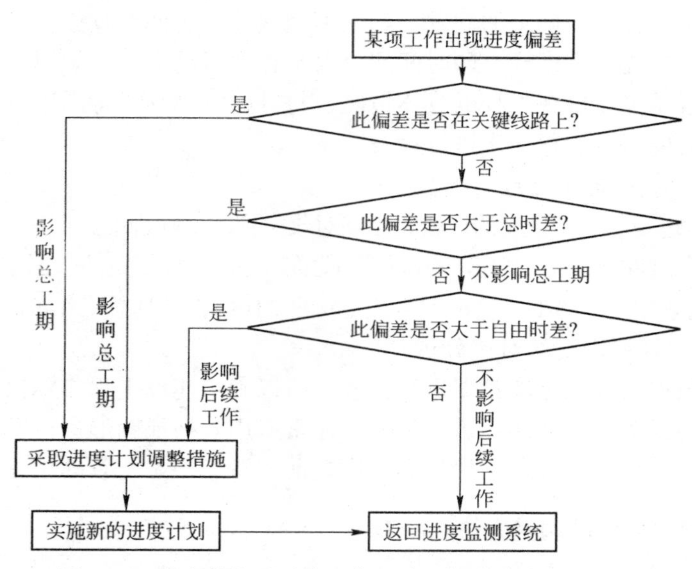

图 4-21　进度偏差对后续工作和总工期影响分析过程图

2. 进度计划的调整方法

当实际进度偏差影响到后续工作、总工期而需要调整进度计划时，其调整方法主要有两种。

(1) 改变某些工作间的逻辑关系

当工程项目实施中产生的进度偏差影响到总工期，且有关工作的逻辑关系允许改变时，可以改变关键线路和超过计划工期的非关键线路上的有关工作之间的逻辑关系，达到缩短工期的目的。例如，将顺序进行的工作改为平行作业、搭接作业以及分段组织流水作业等，都可以有效地缩短工期。

【例 4-1】 某工程项目基础工程包括挖基槽、作垫层、砌基础、回填土 4 个施工过程，各施工过程的持续时间分别为 21 天、15 天、18 天和 9 天，如果采取顺序作业方式进行施工，则其总工期为 63 天。为缩短该基础工程总工期，如果在工作面及资源供应允许的条件下，将基础工程划分为工程量大致相等的 3 个施工段组织流水作业，试绘制该基础工程流水作业网络计划，并确定其计算工期。

【解】

该基础工程流水作业网络计划如图 4-22 所示。通过组织流水作业，使得该基础工程的计算工期由 63 天缩短为 35 天。

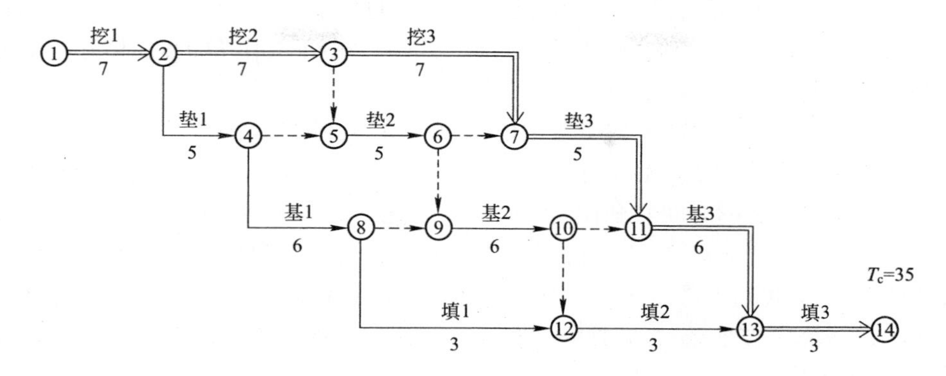

图 4-22 某基础工程流水施工网络计划

(2) 缩短某些工作的持续时间

这种方法是不改变工程项目中各项工作之间的逻辑关系，而通过采取增加资源投入、提高劳动效率等措施来缩短某些工作的持续时间，使工程进度加快，以保证按计划工期完成该工程项目。这些被压缩持续时间的工作是位于关键线路和超过计划工期的非关键线路上的工作。同时，这些工作又是其持续时间可被压缩的工作。这种调整方法通常可以在网络图上直接进行。其调整方法视限制条件及对其后续工作的影响程度的不同而有所区别，一般可分为以下三种情况：

1) 网络计划中某项工作进度拖延的时间已超过其自由时差但未超过其总时差

如前所述，此时该工作的实际进度不会影响总工期，而只对其后续工作产生影响。因此，在进行调整前，需要确定其后续工作允许拖延的时间限制，并以此作为进度调整的限制条件。该限制条件的确定常常较复杂，尤其是当后续工作由多个平行的承包单位负责实施时更是如此。后续工作如不能按原计划进行，在时间上产生的任何变化都可能使合同不能正常履行，而导致蒙受损失的一方提出索赔。因此，寻求合理的调整方案，把进度拖延对后续工作的影响减少到最低程度，是监理工程师的一项重要工作。

【例 4-2】 某工程项目双代号时标网络计划如图 4-23 所示，该计划执行到第 35 天下班时刻检查时，其实际进度如图中前锋线所示。试分析目前实际进度对后续工作和总工期的影响，并提出相应的进度调整措施。

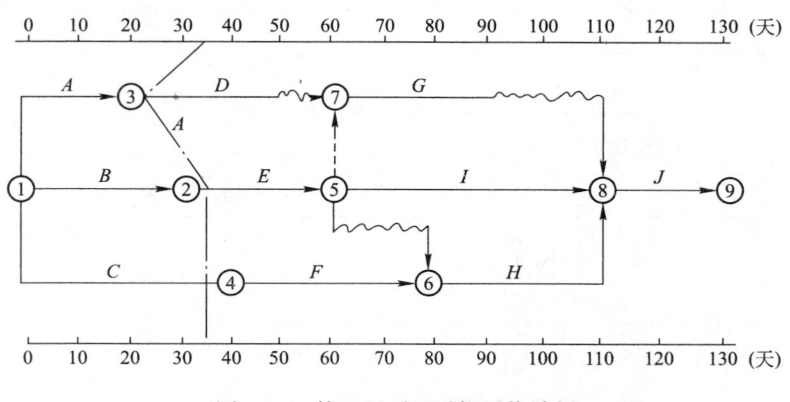

图 4-23 某工程项目时标网络计划

【解】 从图 4-23 中可以看出，目前只有工作 D 的开始时间拖后 15 天，而影响其后续工作 G 的最早开始时间，其他工作的实际进度均正常。由于工作 D 的总时差为 30 天，故此时工作 D 的实际进度不影响总工期。

该进度计划是否需要调整，取决于工作 D 和 G 的限制条件：

（1）后续工作拖延的时间无限制

如果后续工作拖延的时间完全被允许时，可将拖延后的时间参数带入原计划，并化简网络图（即去掉已执行部分，以进度检查日期为起点，将实际数据带入，绘制出未实施部分的进度计划），即可得调整方案。例如在本例中，以检查时刻第 35 天为起点，将工作 D 的实际进度数据及 G 被拖延后的时间参数带入原计划（此时工作 D、G 的开始时间分别为 35 天和 65 天），可得如图 4-24 所示的调整方案。

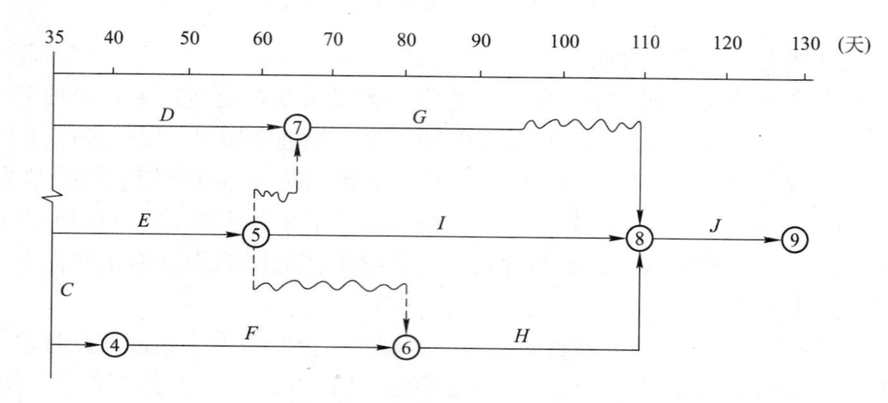

图 4-24　后续工作拖延时间无限制时的网络计划

（2）后续工作拖延的时间有限制

如果后续工作不允许拖延或拖延的时间有限制时，需要根据限制条件对网络计划进行调整，寻求最优方案。例如在本例中，如果工作 G 的开始时间不允许超过第 60 天，则只能将其紧前工作 D 的持续时间压缩为 25 天，调整后的网络计划如图 4-25 所示。如果在工作 D、G 之间还有多项工作，则可以利用工期优化的原理确定应压缩的工作，得到满足 G 工作限制条件的最优调整方案。

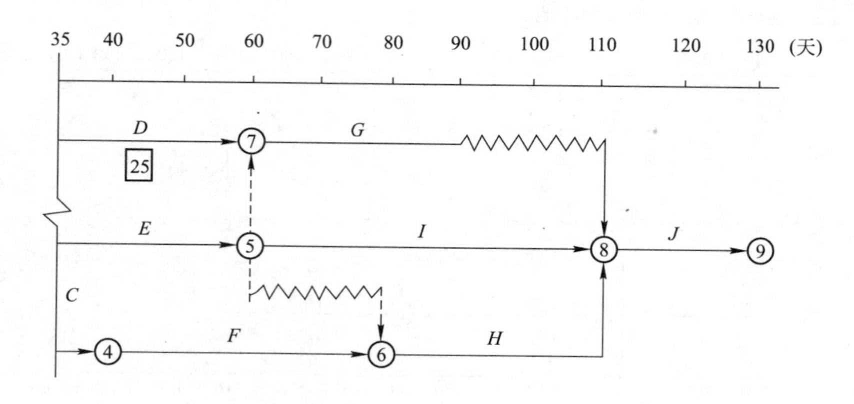

图 4-25　后续工作拖延时间有限制时的网络计划

2）网络计划中某项工作进度拖延的时间超过其总时差

如果网络计划中某项工作进度拖延的时间超过其总时差，则无论该工作是否为关键工作，其实际进度都将对后续工作和总工期产生影响。此时，进度计划的调整方法又可分为以下三种情况：

① 项目总工期不允许拖延

如果工程项目必须按照原计划工期完成，则只能采取缩短关键线路上后续工作持续时间的方法来达到调整计划的目的。

【例 4-3】 仍以图 4-23 所示网络计划为例，如果在计划执行到第 40 天下班时刻检查时，其实际进度如图 4-26 中前锋线所示，试分析目前实际进度对后续工作和总工期的影响，并提出相应的进度调整措施。

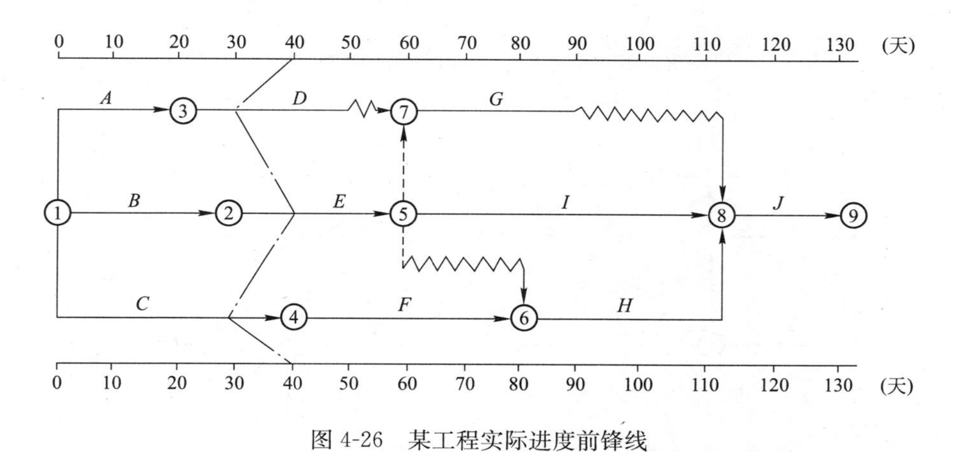

图 4-26 某工程实际进度前锋线

【解】

从图中可看出：

(1) 工作 D 实际进度拖后 10 天，但不影响其后续工作，也不影响总工期；

(2) 工作 E 实际进度正常，既不影响后续工作，也不影响总工期；

(3) 工作 C 实际进度拖后 10 天，由于其为关键工作，故其实际进度将使总工期延长 10 天，并使其后续工作 F、H 和 J 的开始时间推迟 10 天。

如果该工程项目总工期不允许拖延，则为了保证其按原计划工期 130 天完成，必须采用工期优化的方法，缩短关键线路上后续工作的持续时间。现假设工作 C 的后续工作 F、H 和 J 均可以压缩 10 天，通过比较，压缩工作 H 的持续时间所需付出的代价最小，故将工作 H 的持续时间由 30 天缩短为 20 天。调整后的网络计划如图 4-27 所示。

② 项目总工期允许拖延

如果项目总工期允许拖延，则此时只需以实际数据取代原计划数据，并重新绘制实际进度检查日期之后的简化网络计划即可。

【例 4-4】 以图 4-26 所示前锋线为例，如果项目总工期允许拖延，此时只需以检查日期第 40 天为起点，用其后各项工作尚需作业时间取代相应的原计划数据，绘制出网络计划如图 4-28 所示。方案调整后，项目总工期为 140 天。

③ 项目总工期允许拖延的时间有限

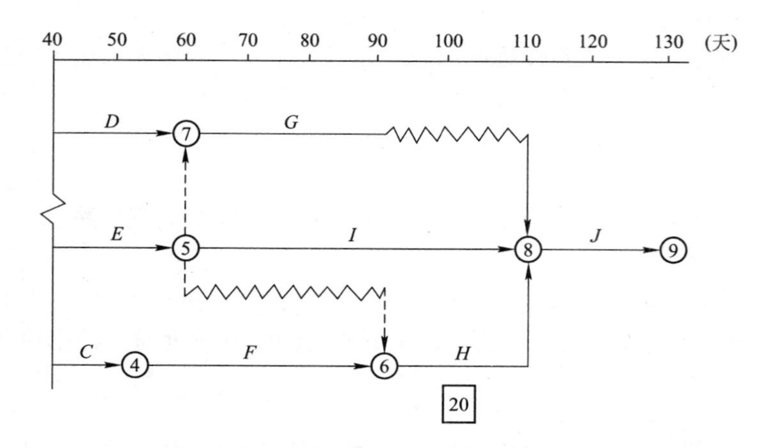

图 4-27　调整后工期不拖延的网络计划

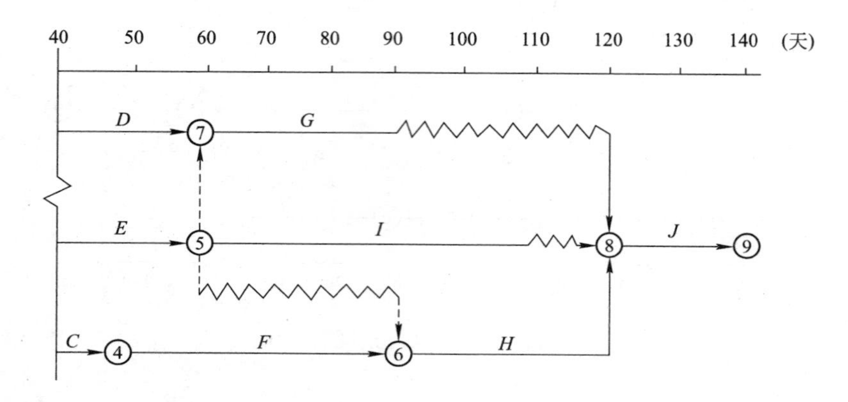

图 4-28　调整后工期拖延的网络计划

如果项目总工期允许拖延，但允许拖延的时间有限。则当实际进度拖延的时间超过此限制时，也需要对网络计划进行调整，以便满足要求。

具体的调整方法是以总工期的限制时间作为规定工期，对检查日期之后尚未实施的网络计划进行工期优化，即通过缩短关键线路上后续工作持续时间的方法来使总工期满足规定工期的要求。

【例 4-5】 仍以图 4-26 所示前锋线为例，如果项目总工期只允许拖延至 135 天，则可按以下步骤进行调整：

（1）绘制化简的网络计划，如图 4-28 所示。

（2）确定需要压缩的时间。从图 4-28 中可以看出，在第 40 天检查实际进度时发现总工期将延长 10 天，该项目至少需要 140 天才能完成。而总工期只允许延长至 135 天，故需将总工期压缩 5 天。

（3）对网络计划进行工期优化。从图 4-29 中可以看出，此时关键线路上的工作为 *C*、*F*、*H* 和 *J* 现假设通过比较，压缩关键工作 *H* 的持续时间所需付出的代价最小，故将其持续时间由原来的 30 天压缩为 25 天，调整后的网络计划如图 4-29 所示。

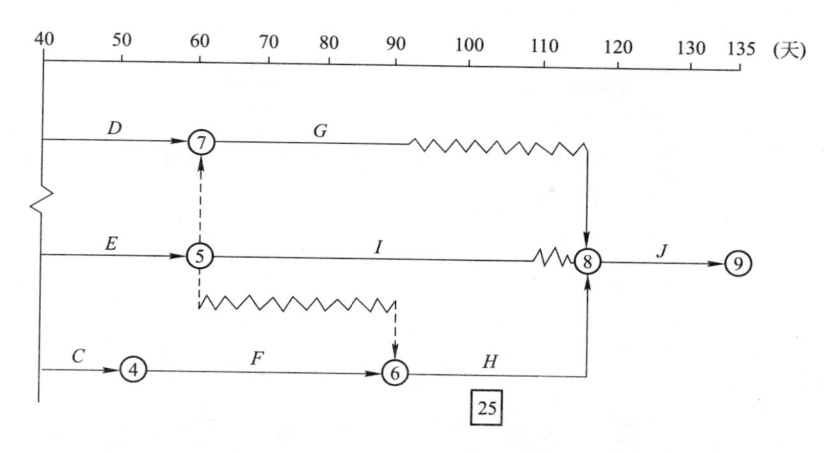

图 4-29 总工期拖延时间有限时的网络计划

以上三种情况均是以总工期为限制条件调整进度计划的。值得注意的是，当某项工作实际进度拖延的时间超过其总时差而需要对进度计划进行调整时，除需考虑总工期的限制条件外，还应考虑网络计划中后续工作的限制条件，特别是对总进度计划的控制更应注意这一点。因为在这类网络计划中，后续工作也许就是一些独立的合同段。时间上的任何变化，都会带来协调上的麻烦或者引起索赔。因此，当网络计划中某些后续工作对时间的拖延有限制时，同样需要以此为条件，按前述方法进行调整。

3）网络计划中某项工作进度超前

工程师对建设工程实施进度控制的任务就是在工程进度计划的执行过程中，采取必要的组织协调和控制措施，以保证建设工程按期完成。在建设工程计划阶段所确定的工期目标，往往是综合考虑了各方面因素而确定的合理工期。因此，时间上的任何变化，无论是进度拖延还是超前，都可能造成其他目标的失控。例如，在一个建设工程施工总进度计划中，由于某项工作的进度超前，致使资源的需求发生变化，而打乱了原计划对人、时、物等资源的合理安排，亦将影响资金计划的使用和安排；特别是当多个平行的承包单位进行施工时，由此引起后续工作时间安排的变化，势必给工程师的协调工作带来许多麻烦。因此，如果建设工程实施过程中出现进度超前的情况，进度控制人员必须综合分析进度超前对后续工作产生的影响，并同承包单位协商，提出合理的进度调整方案，以确保工期总目标的顺利实现。

第五章 质 量 控 制

第一节 质量控制概述

一、质量的概念

2000版GB/T 19000—ISO 9000族标准中质量的定义：一组固有特性满足要求的程度。

上述定义可以从以下几方面去理解：

(1) 质量不仅是指产品质量，也可以是某项活动或过程的工作质量，还可以是质量管理体系运行的质量。质量是由一组固有特性组成，这些固有特性是指满足顾客和其他相关方的要求的特性，并由其满足要求的程度加以表征。

(2) 特性是指区分的特征。特性可以是固有的或赋予的，可以是定性的或定量的。特性有各种类型，如一般有：物质特性(如：机械的、电的、化学的或生物的特性)、感官特性(如嗅觉、触觉、味觉、视觉及感觉控测的特性)、行为特性(如礼貌、诚实、正直)、人体工效特性 (如：语言或生理特性、人身安全特性)、功能特性(如：飞机的航程、速度)。质量特性是固有的特性，并通过产品、过程或体系设计和开发及其后之实现过程形成的属性。固有的意思是指在某事或某物中本来就有的，尤其是那种永久的特性。赋予的特性(如：某一产品的价格)并非是产品、过程或体系的固有特性，不是它们的质量特性。

(3) 满足要求就是应满足明示的(如合同、规范、标准、技术、文件、图纸中明确规定的)、通常隐含的(如组织的惯例、一般习惯)或必须履行的(如法律、法规、行业规则)的需要和期望。与要求相比较，满足要求的程度才反映为质量的好坏。对质量的要求除考虑满足顾客的需要外，还应考虑其他相关方即组织自身利益、提供原材料和零部件等的供方的利益和社会的利益等多种需求。例如需考虑安全性、环境保护、节约能源等外部的强制要求。只有全面满足这些要求，才能评定为好的质量或优秀的质量。

(4) 顾客和其他相关方对产品、过程或体系的质量要求是动态的、发展的和相对的。质量要求随着时间、地点、环境的变化而变化。如随着技术的发展、生活水平的提高，人们对产品、过程或体系会提出新的质量要求。因此应定期评定质量要求、修订规范标准，不断开发新产品、改进老产品，以满足已变化的质量要求。另外，不同国家不同地区因自然环境条件不同，技术发达程度不同、消费水平不同和民俗习惯等的不同会对产品提出不同的要求，产品应具有这种环境的适应性，对不同地区应提供不同性能的产品，以满足该地区用户的明示或隐含的要求。

二、建设工程质量

建设工程质量简称工程质量。工程质量是指工程满足业主需要的，符合国家法律、法规、技术规范标准、设计文件及合同规定的特性综合。建设工程作为一种特殊的产品，除具有一般产品共有的质量特性，如性能、寿命、可靠性、安全性、经济性等满足社会需要的使用价值及其属性外，还具有特定的内涵。

建设工程质量的特性主要表现在以下六个方面：

(1) 适用性。即功能，是指工程满足使用目的的各种性能。包括：理化性能，如：尺寸、规格、保温、隔热、隔声等物理性能，耐酸、耐碱、耐腐蚀、防火、防风化、防尘等化学性能；结构性能，指地基基础牢固程度，结构的足够强度、刚度和稳定性；使用性能，如民用住宅工程要能使居住者安居，工业厂房要能满足生产活动需要，道路、桥梁、铁路、航道要能通达便捷等，建设工程的组成部件、配件、水、暖、电、卫器具、设备也要能满足其使用功能；外观性能，指建筑物的造型、布置、室内装饰效果、色彩等美观大方、协调等。

(2) 耐久性。即寿命，是指工程在规定的条件下，满足规定功能要求使用的年限，也就是工程竣工后的合理使用寿命周期。由于建筑物本身结构类型不同、质量要求不同、施工方法不同、使用性能不同的个性特点，目前国家对建设工程的合理使用寿命周期还缺乏统一的规定，仅在少数技术标准中，提出了明确要求。如民用建筑主体结构耐用年限分为四级(15～30年，30～50年，50～100年，100年以上)，公路工程设计年限一般按等级控制在10～20年，城市道路工程设计年限，视不同道路构成和所用的材料，设计的使用年限也有所不同。对工程组成部件(如塑料管道、屋面防水、卫生洁具、电梯等)也视生产厂家设计的产品性质及工程的合理使用寿命周期而规定不同的耐用年限。

(3) 安全性。是指工程建成后在使用过程中保证结构安全、保证人身和环境免受危害的程度。建设工程产品的结构安全度、抗震、耐火及防火能力，人民防空的抗辐射、抗核污染、抗爆炸波等能力，是否能达到特定的要求，都是安全性的重要标志。工程交付使用之后，必须保证人身财产、工程整体都能免遭工程结构破坏及外来危害的伤害。工程组成部件，如阳台栏杆、楼梯扶手、电器产品漏电保护、电梯及各类设备等，也要保证使用者的安全。

(4) 可靠性。是指工程在规定的时间和规定的条件下完成规定功能的能力。工程不仅要求在交工验收时要达到规定的指标，而且在一定的使用时期内要保持应有的正常功能。如工程上的防洪与抗震能力、防水隔热、恒温恒湿措施、工业生产用的管道防“跑、冒、滴、漏”等，都属可靠性的质量范畴。

(5) 经济性。是指工程从规划、勘察、设计、施工到整个产品使用寿命周期内的成本和消耗的费用。工程经济性具体表现为设计成本、施工成本、使用成本三者之和。包括从征地、拆迁、勘察、设计、采购(材料、设备)、施工、配套设施等建设全过程的总投资和工程使用阶段的能耗、水耗、维护、保养乃至改建更新的使用维修费用。通过分析比较，判断工程是否符合经济性要求。

(6) 与环境的协调性。是指工程与其周围生态环境协调，与所在地区经济环境协调以及与周围已建工程相协调，以适应可持续发展的要求。

上述六个方面的质量特性彼此之间是相互依存的，总体而言，适用、耐久、安全、可靠、经济、与环境适应性，都是必须达到的基本要求，缺一不可。但是对于不同门类不同专业的工程，如工业建筑、民用建筑、公共建筑、住宅建筑、道路建筑，可根据其所处的特定地域环境条件、技术经济条件的差异，有不同的侧重面。

三、质量控制

2000 版 GB/T 19000—ISO 9000 族标准中，质量控制的定义是：质量管理的一部分，致力于满足质量要求。

上述定义可以从以下几方面去理解：

（1）质量控制是质量管理的重要组成部分，其目的是为了使产品、体系或过程的固有特性达到规定的要求，即满足顾客、法律、法规等方面所提出的质量要求（如适用性、安全性等）。所以，质量控制通过采取一系列的作业技术和活动对各个过程实施控制。

（2）质量控制的工作内容包括了作业技术和活动，也就是包括专业技术和管理技术两个方面。围绕产品形成全过程每一阶段的工作如何能保证做好，应对影响其质量的人、机、料、法、环（4M1E）因素进行控制，并对质量活动的成果进行分阶段验证，以便及时发现问题，查明原因，采取相应纠正措施，防止不合格的发生。因此，质量控制应贯彻预防为主与检验把关相结合的原则。

（3）质量控制应贯穿在产品形成和体系运行的全过程。每一过程都有输入、转换和输出等三个环节，通过对每一个过程三个环节实施有效控制，对产品质量有影响的各个过程处于受控状态，持续提供符合规定要求的产品才能得到保障。

四、工程质量控制

工程质量控制是指致力于满足工程质量要求，也就是为了保证工程质量满足工程合同、规范标准所采取的一系列措施、方法和手段。工程质量要求主要表现为工程合同、设计文件、技术规范标准规定的质量标准。

（1）工程质量控制按其实施主体不同，分为自控主体和监控主体。前者是指直接从事质量职能的活动者，后者是指对他人质量能力和效果的监控者，主要包括以下四个方面：

1）政府的工程质量控制。政府属于监控主体，它主要是以法律法规为依据，通过抓工程报建、施工图设计文件审查、施工许可、材料和设备准用、工程质量监督、重大工程竣工验收备案等主要环节进行的。

2）工程监理单位的质量控制。工程监理单位属于监控主体，它主要是受建设单位的委托，代表建设单位对工程实施全过程进行的质量监督和控制，包括勘察设计阶段质量控制、施工阶段质量控制，以满足建设单位对工程质量的要求。

3）勘察设计单位的质量控制。勘察设计单位属于自控主体，它是以法律、法规及合同为依据，对勘察设计的整个过程进行控制，包括工作程序、工作进度、费用及成果文件所包含的功能和使用价值，以满足建设单位对勘察设计质量的要求。

4）施工单位的质量控制。施工单位属于自控主体，它是以工程合同、设计图纸和技术规范为依据，对施工准备阶段、施工阶段、竣工验收交付阶段等施工全过程的工作质量和工程质量进行的控制，以达到合同文件规定的质量要求。

（2）工程质量控制按工程质量形成过程，包括全过程各阶段的质量控制，主要是：

1）决策阶段的质量控制，主要是通过项目的可行性研究，选择最佳建设方案，使项目的质量要求符合业主的意图，并与投资目标相协调，与所在地区环境相协调。

2）工程勘察设计阶段的质量控制，主要是要选择好勘察设计单位，要保证工程设计符合决策阶段确定的质量要求，保证设计符合有关技术规范和标准的规定，要保证设计文件、图纸符合现场和施工的实际条件，其深度能满足施工的需要。

3）工程施工阶段的质量控制，一是择优选择能保证工程质量的施工单位，二是严格监督承建商按设计图纸进行施工，并形成符合合同文件规定质量要求的最终建筑产品。

五、工程质量的影响因素分析

影响工程的因素很多，但归纳起来主要有五个方面，即人（Man）、材料（Material）、机械（Machine）、方法（Method）和环境（Environment），简称为4M1E因素。

1．人员素质

人是生产经营活动的主体，也是工程项目建设的决策者、管理者、操作者，工程建设的全过程，如项目的规划、决策、勘察、设计和施工，都是通过人来完成的。人员的素质，即人的文化水平、技术水平、决策能力、管理能力、组织能力、作业能力、控制能力、身体素质及职业道德等，都将直接和间接地对规划、决策、勘察、设计和施工的质量产生影响，而规划是否合理、决策是否正确、设计是否符合所需要的质量功能、施工能否满足合同、规范、技术标准的需要等，都将对工程质量产生不同程度的影响，所以人员素质是影响工程质量的一个重要因素。因此，建筑行业实行经营资质管理和各类专业从业人员持证上岗制度是保证人员素质的重要管理措施。

2．工程材料

工程材料泛指构成工程实体的各类建筑材料、构配件、半成品等，它是工程建设的物质条件，是工程质量的基础。工程材料选用是否合理、产品是否合格、材质是否经过检验、保管使用是否得当等等，都将直接影响建设工程的结构刚度和强度，影响工程外表及观感，影响工程的使用功能，影响工程的使用安全。

3．机械设备

机械设备可分为两类：一是指组成工程实体及配套的工艺设备和各类机具，如电梯、泵机、通风设备等，它们构成了建筑设备安装工程或工业设备安装工程，形成完整的使用功能。二是指施工过程中使用的各类机具设备，包括大型垂直与横向运输设备、各类操作工具、各种施工安全设施、各类测量仪器和计量器具等，简称施工机具设备，它们是施工生产的手段。机具设备对工程质量也有重要的影响。工程用机具设备其产品质量优劣，直接影响工程使用功能质量。施工机具设备的类型是否符合工程施工特点，性能是否先进稳定，操作是否方便安全等，都将会影响工程项目的质量。

4．方法

方法是指工艺方法、操作方法和施工方案。在工程施工中，施工方案是否合理，施工工艺是否先进，施工操作是否正确，都将对工程质量产生重大的影响。大力推进采用新技术、新工艺、新方法，不断提高工艺技术水平，是保证工程质量稳定提高的重要因素。

5．环境条件

环境条件是指对工程质量特性起重要作用的环境因素，包括：工程技术环境，如工程地质、水文、气象等；工程作业环境，如施工环境作业面大小、防护设施、通风照明和通信条件等；工程管理环境，主要指工程实施的合同结构与管理关系的确定，组织体制及管理制度等；周边环境，如工程邻近的地下管线、建(构)筑物等。环境条件往往对工程质量产生特定的影响。加强环境管理，改进作业条件，把握好技术环境，辅以必要的措施，是控制环境对质量影响的重要保证。

第二节 工程项目施工的质量控制

工程施工是使工程设计意图最终实现并形成工程实体的阶段，也是最终形成工程产品质量和工程项目使用价值的重要阶段。因此施工阶段的质量控制不但是施工监理重要的工作内容，也是工程项目质量控制的重点。监理工程师对工程施工的质量控制，就是按合同赋予的权利，围绕影响工程质量的各种因素，对工程项目的施工进行有效的监督和管理。

一、施工质量控制的系统过程

由于施工阶段是使工程设计意图最终实现并形成工程实体的阶段，是最终形成工程实体质量的过程，所以施工阶段的质量控制是一个由对投入的资源和条件的质量控制，进而对生产过程及各环节质量进行控制，直到对所完成的工程产出品的质量检验与控制为止的全过程的系统控制过程。这个过程可以根据在施工阶段工程实体质量形成的时间阶段不同来划分；也可以根据施工阶段工程实体形成过程中物质形态的转化来划分；或者是将施工的工程项目作为一个大系统，按施工层次加以分解来划分。

1. 按工程实体质量形成过程的时间阶段划分

施工阶段的质量控制可以分为以下三个环节。

(1) 施工准备控制

指在各工程对象正式施工活动开始前，对各项准备工作及影响质量的各因素进行控制，这是确保施工质量的先决条件。

(2) 施工过程控制

指在施工过程中对实际投入的生产要素质量及作业技术活动的实施状态和结果所进行的控制，包括作业者发挥技术能力过程的自控行为和来自有关管理者的监控行为。

(3) 竣工验收控制

它是指对于通过施工过程所完成的具有独立的功能和使用价值的最终产品(单位工程或整个工程项目)及有关方面(例如质量文档)的质量进行控制。

上述三个环节的质量控制系统过程及其所涉及的主要方面如图 5-1 所示。

2. 按工程实体形成过程中物质形态转化的阶段划分

由于工程对象的施工是一项物质生产活动，所以施工阶段的质量控制系统过程也是一个经由以下三个阶段的系统控制过程。

(1) 对投入的物质资源质量的控制。

(2) 施工过程质量控制。即在使投入的物质资源转化为工程产品的过程中，对影响产品质量的各因素、各环节及中间产品的质量进行控制。

(3) 对完成的工程产出品质量的控制与验收。

在上述三个阶段的系统过程中，前两阶段对于最终产品质量的形成具有决定性的作用，而所投入的物质资源的质量控制对最终产品质量又具有举足轻重的影响。所以，质量控制

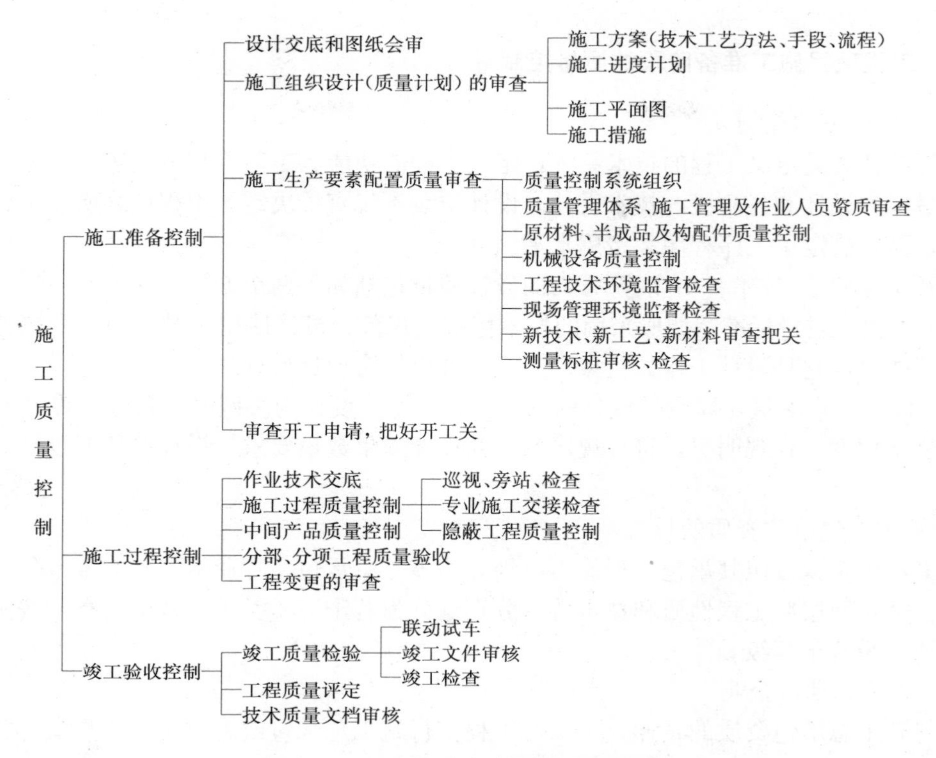

图 5-1 施工阶段质量控制的系统过程

的系统过程中，无论是对投入物质资源的控制，还是对施工及安装生产过程的控制，都应当对影响工程实体质量的五个重要因素方面，即对施工有关人员因素、材料(包括半成品、构配件)因素、机械设备因素(生产设备及施工设备)、施工方法(施工方案、方法及工艺)因素以及环境因素等进行全面的控制。

3. 按工程项目施工层次划分的系统控制过程

通常任何一个大中型工程建设项目可以划分为若干层次。例如，对于建筑工程项目按照国家标准可以划分为单位工程、分部工程、分项工程、检验批等层次；而对于诸如水利水电、港口交通等工程项目则可划分为单项工程、单位工程、分部工程、分项工程等几个层次。各组成部分之间的关系具有一定的施工先后顺序的逻辑关系。显然，施工作业过程的质量控制是最基本的质量控制，它决定了有关检验批的质量；而检验批的质量又决定了分项工程的质量。各层次间的质量控制系统过程如图 5-2 所示。

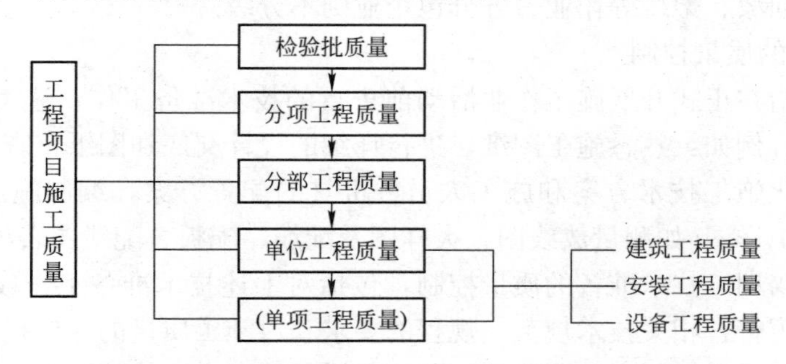

图 5-2 按工程项目施工层次划分的质量控制系统过程

二、工程项目施工准备阶段的质量控制

1. 设计质量的控制

设计的任务是定义工程的技术系统，定义工程的功能、工艺等细节问题。这些工作包括功能目标的设计和各阶段的技术设计。设计质量不仅直接决定了工程最终所能达到的质量水准，而且决定了工序程序和费用水平。

涉及工程质量(技术、功能等)方面的设计质量包括如下两个方面：

(1) 工程的质量标准，如所采用的技术标准、规范、设计使用规模、项目的特性、达到的生产能力，它是设计工作的对象。工程标准应符合项目目标的要求。

(2) 设计工作质量，即设计成果的正确性、各专业设计的协调的完备性。设计文件要清晰、易于理解、直观明了，符合规定的详细设计成果数量要求。设计单位对设计的质量负责。

2. 施工承包单位资质的核查

施工承包企业按照其承包工程能力，划分为施工总承包、专业承包和劳务分包三个序列。这三个序列按照工程性质和技术特点分别划分为若干资质类别，各资质类别按照规定的条件划分为若干等级。

(1) 施工总承包企业

获得施工总承包资质的企业，可以对工程实行施工总承包或者对主体工程实行施工承包，施工总承包企业可以将承包的工程全部自行施工，也可以将非主体工程或者劳务作业分包给具有相应专业承包资质或者劳务分包资质的其他建筑业企业。施工总承包企业的资质按专业类别共分为12个资质类别，每一个资质类别又分成特级、一、二、三级。

(2) 专业承包企业

获得专业承包资质的企业，可以承接施工总承包企业分包的专业工程或者建设单位按照规定发包的专业工程。专业承包企业可以对所承接的工程全部自行施工，也可以将劳务作业分包给具有相应劳务分包资质的劳务分包企业。专业承包企业资质按专业类别共分为60个资质类别，每一个资质类别又分为一、二、三级。

(3) 劳务分包企业

获得劳务分包资质的企业，可以承接施工总承包企业或者专业承包企业分包的劳务作业。劳务承包企业有十三个资质类别，如木工作业、砌筑作业、钢筋作业、架线作业等。有的资质类别分成若干级，有的则不分级，如木工、砌筑、钢筋作业劳务分包企业资质分为一级、二级。油漆、架线等作业劳务分包企业则不分级。

3. 技术准备的质量控制

技术准备是指在正式开展施工作业活动前进行的技术准备工作。这类工作内容繁多，主要在室内进行，例如：熟悉施工图纸，进行详细的设计交底和图纸审查；进行工程项目划分和编号；细化施工技术方案和施工人员、机具的配置方案，编制施工作业技术指导书，绘制各种施工详图(如测量放线图、大样图及配筋、配板、配线图表等)，进行必要的技术交底和技术培训。技术准备的质量控制，包括对上述技术准备工作成果的复核审查，检查这些成果是否符合相关技术规范、规程的要求和对施工质量的保证程度；制订施工质量控制计划，设置质量控制点，明确关键部位的质量管理点，等等。

4. 现场施工准备的质量控制

(1) 工程定位及标高基准控制

工程施工测量放线是建设工程产品由设计转化为实物的第一步。施工测量的质量好坏，直接影响工程产品的综合质量，并且制约着施工过程中有关工序的质量。例如，测量控制基准点或标高有误，会导致建筑物或结构的位置或高程出现差错，从而影响整体质量；又如长隧道采用两端或多端同时掘进时，若洞的中心线测量失准发生较大偏差，则会造成不能准确对接的质量问题；永久设备的基础预埋件定位测量失准，则会造成设备难以正确安装的质量问题等。因此，工程测量控制可以说是施工中事前质量控制的一项基础工作，它是施工准备阶段的一项重要内容。监理工程师应将其作为保证工程质量的一项重要的内容，在监理工作中，应由测量专业监理工程师负责工程测量的复核控制工作。

(2) 施工平面布置的控制

为了保证承包单位能够顺利地施工，监理工程师应督促建设单位按照合同约定并结合承包单位施工的需要，事先划定并提供给承包单位占有和使用现场有关部分的范围。如果在现场的某一区域内需要不同的施工承包单位同时或先后施工、使用，就应根据施工总进度计划的安排，规定他们各自占用的时间和先后顺序，并在施工总平面图中详细注明各工作区的位置及占用顺序，监理工程师要检查施工现场总体布置是否合理，是否有利于保证施工的正常、顺利地进行，是否有利于保证质量，特别是要对场区的道路、防洪排水、器材存放、给水及供电、混凝土供应及主要垂直运输机械设备布置等方面予以重视。

(3) 材料构配件采购订货的控制

工程所需的原材料、半成品、构配件等都将成为永久性工程的组成部分。所以，它们的质量好坏直接影响到未来工程产品的质量，因此需要事先对其质量进行严格控制。

1) 凡由承包单位负责采购的原材料、半成品或构配件，在采购订货前应向监理工程师申报；对于重要的材料，还应提交样品，供试验或鉴定，有些材料则要求供货单位提交理化试验单(如预应力钢筋的硫、磷含量等)，经监理工程师审查认可后，方可进行订货采购。

2) 对于半成品或构配件，应按经过审批认可的设计文件和图纸要求采购订货，质量应满足有关标准和设计的要求，交货期应满足施工及安装进度安排的需要。

3) 供货厂家是制造材料、半成品、构配件主体，所以通过考查优选合格的供货厂家，是保证采购、订货质量的前提。为此，大宗的器材或材料的采购应当实行招标采购的方式。

4) 对于半成品和构配件的采购、订货，监理工程师应提出明确的质量要求，质量检测项目及标准；出厂合格证或产品说明书等质量文件的要求，以及是否需要权威性的质量认证等。

5) 某些材料，诸如瓷砖等装饰材料，订货时最好一次订齐和备足货源，以免由于分批而出现色泽不一的质量问题。

6) 供货厂方应向订货方提供质量文件，用以表明其提供的货物能够完全达到需方提出的质量要求。此外，质量文件也是承包单位(当承包单位负责采购时)将来在工程竣工时应提供的竣工文件的一个组成部分，用以证明工程项目所用的材料或构配件等的质量符合要求。

质量文件主要包括：产品合格证及技术说明书；质量检验证明；检测与试验者的资格

证明；关键工序操作人员资格证明及操作记录(例如大型预应力构件的张拉应力工艺操作记录)；不合格品或质量问题处理的说明及证明；有关图纸及技术资料；必要时，还应附有权威性认证资料。

(4) 施工机械配置的控制

1) 施工机械设备的选择，除应考虑施工机械的技术性能、工作效率，工作质量，可靠性及维修难易、能源消耗，以及安全、灵活等方面对施工质量的影响与保证外，还应考虑其数量配置对施工质量的影响与保证条件。例如，为保证混凝土连续浇筑，应配备有足够的搅拌机和运输设备；在一些城市建筑施工中，有防止噪声的限制，必须采用静力压桩等。此外，要注意设备形式应与施工对象的特点及施工质量要求相适应。例如，对于黏性土的压实，可以采用羊足碾进行分层碾压；但对于砂性土的压实则宜采用振动压实机等类型的机械。在选择机械性能参数方面，也要与施工对象特点及质量要求相适应，例如选择起重机械进行吊装施工时，其起重量、起重高度及起重半径均应满足吊装要求。

2) 审查施工机械设备的数量是否足够。例如在进行就地灌注桩施工时，是否有备用的混凝土搅拌机和振捣设备，以防止由于机械发生故障，使混凝土浇筑工作中断，造成断桩质量事故等。

3) 审查所需的施工机械设备，是否按已批准的计划备妥；所准备的机械设备是否与监理工程师审查认可的施工组织设计或施工计划中所列者相一致；所准备的施工机械设备是否都处于完好的可用状态等。对于与批准的计划中所列施工机械不一致，或机械设备的类型、规格、性能不能保证施工质量者，以及维护修理不良，不能保证良好的可用状态者，都不准使用。

(5) 分包单位资质的审核确认

保证分包单位的质量，是保证工程施工质量的一个重要环节和前提。因此，监理工程师应对分包单位资质进行严格控制。

三、工程项目施工过程的质量控制

1. 事前控制

通过预先控制而达到防止施工中发生质量问题，做好施工准备工作质量的全面检查与控制的同时做好以下工作：

(1) 技术交底

做好技术交底是保证施工质量的重要措施之一。项目开工前应由项目技术负责人向承担施工的负责人或分包人进行书面技术交底，技术交底资料应办理签字手续并归档保存。每一分部工程开工前均应进行作业技术交底。技术交底书应由施工项目技术人员编制，并经项目技术负责人批准实施。技术交底的内容主要包括；任务范围、施工方法、质量标准和验收标准，施工中应注意的问题，可能出现意外的措施及应急方案，文明施工和安全防护措施以及成品保护要求等。技术交底应围绕施工材料、机具、工艺、工法、施工环境和具体的管理措施等方面进行，应明确具体的步骤、方法、要求和完成的时间等。技术交底的形式有：书面、口头、会议、挂牌、样板、示范操作等。

(2) 测量控制

项目开工前应编制测量控制方案，经项目技术负责人批准后实施。对相关部门提供的测量控制点应做好复核工作，经审批后进行施工测量放线，并保存测量记录。在施工过程中应对设置的测量控制点线妥善保护，不准擅自移动。同时在施工过程中必须认真进行施工测量复核工作，这是施工单位应履行的技术工作职责，其复核结果应报送监理工程师复验确认后，方能进行后续相关工序的施工。常见的施工测量复核有：

1）工业建筑测量复核：厂房控制网测量、桩基施工测量、柱模轴线与高程检测、厂房结构安装定位检测、设备基础与预埋螺栓定位检测等。

2）民用建筑的测量复核：建筑物定位测量、基础施工测量、墙体皮数杆检测、楼层轴线检测、楼层间高程传递检测等。

3）高层建筑测量复核：建筑场地控制测量、基础以上的平面与高程控制、建筑物中垂准检测、建筑物施工过程中沉降变形观测等。

4）管线工程测量复核：管网或输配电线路定位测量、地下管线施工检测、架空管线施工检测、多管线交汇点高程检测等。

（3）工程变更

工程变更包括工程量变更、工程项目的变更（如发包人提出增加或者删减原项目内容）、进度计划的变更、施工条件的变更等。这是在施工开始就应该严格控制的。

2. 事中控制

也称过程控制，主要包括以下内容：

（1）计量控制

计量控制是保证工程项目质量的重要手段和方法，是施工项目开展质量管理的一项重要基础工作。施工过程中的计量工作，包括施工生产时的投料计量、施工测量、监测计量以及对项目、产品或过程的测试、检验、分析计量等。其主要任务是统一计量单位制度，组织量值传递，保证量值统一。计量控制的工作重点是：建立计量管理部门和配置计量人员；建立健全和完善计量管理的规章制度；严格按规定有效控制计量器具的使用、保管、维修和检验；监督计量过程的实施，保证计量的准确。

（2）工序施工质量控制

施工过程是由一系列相互联系与制约的工序构成，工序是人、材料、机械设备、施工方法和环境因素对工程质量综合起作用的过程，所以对施工过程的质量控制，必须以工序质量控制为基础和核心；因此，工序的质量控制是施工阶段质量控制的重点。只有严格控制工序质量，才能确保施工项目的实体质量。工序施工质量控制主要包括工序施工条件质量控制和工序施工效果质量控制。

1）工序施工条件控制　工序施工条件是指从事工序活动的各生产要素质量及生产环境条件。工序施工条件控制就是控制工序活动的各种投入要素质量和环境条件质量。控制的手段主要有：检查、测试、试验、跟踪监督等。控制的依据主要是：设计质量标准、材料质量标准、机械设备技术性能标准、施工工艺标准以及操作规程等。

2）工序施工效果控制　工序施工效果主要反映工序产品的质量特征和特性指标。对工序施工效果的控制就是控制工序产品的质量特征和特性指标能否达到设计质量标准以及施工质量验收标准的要求。工序施工质量控制的主要途径是：实测获取数据、统计分析所获取的数据、判断认定质量等级和纠正质量偏差。

按有关施工验收规范规定，下列工程质量必须进行现场质量检测，合格后才能进行下道工序：

1）地基基础工程

① 地基及复合地基承载力静载检测。

对于地基基础设计等级为甲级或地质条件复杂、成桩质量可靠性低的灌注桩，应采用静载荷试验的方法进行检验，检验桩数不应少于总数的1%，且不应少于3根。

② 桩的承载力检测。

设计等级为甲级、乙级的桩基或地质条件复杂，桩施工质量可靠性低，本地区采用的新桩型或新工艺的桩基应进行桩的承载力检测。检测数量在同一条件下不应少于3根，且不宜少于总桩数的1%。

③ 桩身完整性检测。

根据设计要求，检测桩身缺陷及其位置，判定桩身完整性类别，采用低应变法。判定单桩竖向抗压承载力是否满足设计要求；检测桩身缺陷及其位置，判定桩身完整性类别；分析桩侧和桩端阻力，采用高应变法。

2）主体结构工程

① 混凝土、砂浆、砌体强度现场检测。

检测同一强度等级同条件养护的试块强度，以此检测结果代表工程实体的结构强度。

混凝土：按统计方法评定混凝土强度的基本条件是，同一强度等级的同条件养护试件的留置数量不宜少于10组，按非统计方法评定混凝土强度时，留置数量不应少于3组。

砂浆抽检数量：每一检验批且不超过250m³砌体的各种类型及强度等级的砌筑砂浆，每台搅拌机应至少抽检一次。

砌体：普通砖15万块、多孔砖5万块、灰砂砖及粉灰砖10万块各为一检验批，抽检数量为一组。

② 钢筋保护层厚度检测。

钢筋保护层厚度检验的结构部位，应由监理（建设）、施工等各方根据结构构件的重要性共同选定。

对梁类、板类构件，应各抽取构件数量的2%且不少于5个构件进行检验。

③ 混凝土预制构件结构性能检测。

对成批生产的构件，应按同一工艺正常生产的不超过1000件且不超过3个月的同类型产品为一批。在每批中应随机抽取一个构件作为试件进行检验。

3）建筑幕墙工程

① 铝塑复合板的剥离强度检测。

② 石材的弯曲强度；室内用花岗石的放射性检测。

③ 玻璃幕墙用结构胶的邵氏硬度、标准条件拉伸粘结强度、相容性试验；石材用结构胶粘结强度及石材用密封胶的污染性检测。

④ 建筑幕墙的气密性、水密性、风压变形性能、层间变位性能检测。

⑤ 硅酮结构胶相容性检测。

4）钢结构及管道工程

① 钢结构及钢管焊接质量无损检测。

对有无损检验要求的焊缝，竣工图上应标明焊缝编号、无损检验方法、局部无损检验焊缝的位置、底片编号、热处理焊缝位置及编号、焊缝补焊位置及施焊焊工代号。焊缝施焊记录及检查、检验记录应符合相关标准的规定。

② 钢结构、钢管防腐及防火涂装检测。

③ 钢结构节点、机械连接用紧固标准件及高强螺栓力学性能检测。

(3) 处理好施工质量缺陷。

3. 事后控制

施工过程的跟踪检查，以发现质量问题、事故和缺陷，通过原因的分析采取有效的对策措施，来加以纠正。

四、质量控制点

质量控制点是工程施工质量控制的重点。根据对重要的质量特性进行重点控制的要求，选择质量控制的重点部位、重点工序和重点的质量因素作为质量控制点。

对在项目质量计划中界定的特殊过程，应设置工序质量控制点，抓住影响工序施工质量的主要因素进行强化控制。质量控制点可以按照以下的原则考虑：

(1) 施工过程中的关键工序或环节以及隐蔽工程，例如预应力结构的张拉工序，钢筋混凝土结构中的钢筋架立。

(2) 施工中的薄弱环节，或质量不稳定的工序、部位或对象，例如地下防水层施工。

(3) 对后续工程施工质量或安全有重大影响的工序、部位或对象，例如预应力结构中的预应力钢筋质量、模板的支撑与固定等。

(4) 采用新技术、新工艺、新材料的部位或环节。

(5) 施工上无足够把握的、施工条件困难的或技术难度大的工序或环节，例如：复杂曲线模板的放样等。

根据上述选择质量控制点的原则，就建筑工程而言其质量控制点的位置一般可参考表5-1设置。

质量控制点的设置位置 **表 5-1**

分项工程	质量控制点
工程测量定位	标准轴线桩、水平桩、龙门板、定位轴线、标高
地基、基础（含设备基础）	基坑(槽)尺寸、标高、土质、地基承载力，基础垫层标高，基础位置、尺寸、标高，预埋件、预留洞孔的位置、标高、规格、数量，基础杯口弹线
砌体	砌体轴线，皮数杆，砂浆配合比，预留洞孔、预埋件的位置、数量，砌块排列
模板	位置、标高、尺寸，预留洞孔位置、尺寸，预埋件的位置，模板的强度、刚度和稳定性，模板内部清理及润湿情况
钢筋混凝土	水泥品种、强度等级，砂石质量，混凝土配合比，外加剂比例，混凝土振捣，钢筋品种、规格、尺寸、搭接长度，钢筋焊接、机械连接，预留洞孔及预埋件规格、位置、尺寸、数量，预制构件吊装或出厂(脱模)强度，吊装位置、标高、支承长度、焊缝长度
吊装	吊装设备的起重能力、吊具、索具、地锚
钢结构	翻样图、放大样
焊接	焊接条件、焊接工艺
装修	视具体情况而定

五、现场施工质量控制的基本环节

现场施工质量控制的基本环节包括图纸会审、技术复核、技术交底、设计变更、三令管理、隐蔽验收、三检结合、样板先行、级配管理、材料检验、施工日志、质保资料、质量验评和成品保护等。

(1) 三令管理

在工程施工中，沉桩、挖土、混凝土浇筑等均需纳入命令施工管理的范围，即三令管理。

(2) 三检结合

三检制是指操作人员“自检”、“互检”和专职质量管理人员的“专检”相结合的检验制度。

(3) 隐蔽工程验收

凡分项工程的施工结果被后面施工所覆盖的均应进行隐蔽工程验收，记录应列入工程档案。未经隐蔽工程验收或验收不合格的不得进行下道工序施工。

(4) 质量验评

分项工程、分部工程、单位工程等在施工完成后，均需按国家规定的质量检验与评定标准进行质量验评活动。质量验评应在自检、专业检验的基础上，由专职质量检查员或者企业的技术质量部门进行核实。

(5) 成品保护

在施工过程中或工程移交前，施工单位必须负责对已完部分或全部采取妥善措施予以保护。成品保护在机电设备安装和装修施工阶段显得尤为重要。

六、工程项目的竣工验收

1. 工程项目竣工验收的概念

工程项目按照批准的设计图纸和文件的内容全部建成，达到使用条件或住人的标准，叫做工程竣工。凡列入固定资产投资计划的建设项目或单项工程，按照批准的设计文件和合同规定的内容建成，具备投产和使用条件，不论新建、改建、扩建或迁建性质，都要及时组织验收，交付使用，并办理固定资产移交手续。对住宅小区的验收还应验收土地使用情况，单项工程、市政、绿化及公用设施等配套设施项目等。

一个工程项目如果已经全部完成，但由于外部原因(如缺少或暂时缺少电力、燃气、燃料等)不能投产使用或不能全部投产使用，也应该视为竣工，要及时组织竣工验收，因为这些外部原因和条件，不是工程本身的问题。

有的建设项目基本达到竣工验收标准，只有零星土建工程和少数非主要设备未能按设计规定的内容全部完成，但不影响正常生产，亦应办理竣工验收手续。对剩余工程，应按设计留足资金，限期完成。有的项目在投产初期暂时不能达到设计能力所规定的产量，不能因此而拖延办理验收和移交固定资产手续。

有些建设项目和单位工程，已形成部分生产能力或实际上生产方面已经使用，近期不能按原设计规模续建的，应从实际出发，可缩小规模，报主管部门批准后，对已完的工程和设备尽快组织验收，移交固定资产。

对引进设备的项目，按合同建成，完成负荷试车，设备考核合格后，组织竣工验收。已建成具备生产能力的项目和工程，一般应在具备竣工验收条件三个月内组织验收。

建筑工程竣工是对单项工程而言。单项工程的含义是：具有独立的设计文件，可以独立施工，建成后能独立发挥使用功能或效益的工程。单项工程的人工费、材料费、各种加工预制品费、管理费、施工机械费以及其他费用，都应该分别进行核算，工程完成后，单独进行工程质量的评定，并专门组织竣工验收。

2. 工程项目竣工验收的主要工作

工程项目竣工验收是基本建设程序的最后一个阶段。工程项目经过竣工验收，由承包单位交付建设单位使用并办理了各项工程移交手续，标志着这个工程项目的结束，也就是建设资金转化为使用价值。

竣工收尾阶段应从什么时间划分，实际上并没有一个十分严格的标准和界限。许多有经验的施工管理人员和施工管理工程师，在实际施工管理工作中，都把收尾和竣工作为单独一项工作来进行。在一些大的或复杂的建筑工程的施工中，还需拟订收尾竣工工作计划，制订出各种保证这一计划顺利实现的措施，乃至详细地列出工作日程和督促检查工作的重点，并把工作落实到人。其时间上限要按工程的具体情况而定，一般地是在装修工程接近结束之时；工程规模较大或施工工艺比较复杂的工程，往往从进入装修工程的后期，即已开始了竣工收尾和各项竣工验收的准备工作。

这个阶段工作的特点是：大量的施工任务已经完成，小的修补任务十分零碎；在人力和物力方面，主要力量已经转移到新的工程项目上去，只保留少量的力量进行工程的扫尾和清理；在业务和技术人员方面，施工技术指导工作已经不多，却有大量的资料综合、整理工作要做，因此，在这个时期，项目经理必须把各项收尾、竣工准备细致地抓好。

(1) 工程项目本身的收尾工作

项目经理要组织有关人员逐层、逐段、逐部位、逐房间地进行查项，检查施工中有无丢项、漏项，一旦发现，必须立即确定专人定期解决，并在事后按期进行检查。

保护成品和进行封闭，对已经全部完成的部位或查项后修补完成的部位，要立即组织清理，保护好成品，依可能和需要，按房间或层段锁门封闭，严禁无关人员进入，防止损坏成品或丢失建筑物安装的设备、部件或零件(这项工作实际上从装修工程完毕之时即应进行)。尤其是高标准、高级装修的建筑工程(如高级宾馆、饭店、医院、使馆、公共建筑等)，每一个房间的装修和设备安装一旦完毕，就要立即严加封闭，乃至派专人按层段加以看管。

有计划地拆除施工现场的各种临时设施和暂设工程，拆除各种临时管线，清扫施工现场，组织清运垃圾和杂物。

有步骤地组织材料、工具以及各种物资的回收、退库，向其他施工现场转移和进行处理工作。

做好电气线路和各种管线的交工前检查，进行电气工程的全负荷试验。

有生产工艺设备的工程项目，要进行设备的单体试车、无负荷联动试车和有负荷联动试车。

(2) 各项竣工验收的准备工作

组织工程技术人员绘制竣工图，清理和准备各项需向建设单位移交的工程档案资料，并编制工程档案资料移交清单。

组织以预算人员为主，生产、管理、技术、财务、材料、劳资等人员参加或提供资料，编制竣工结算。

准备工程竣工通知书、工程竣工报告、工程竣工验收证明书、工程保修证书等。

组织好工程自验(或自检)，报请上级领导部门进行竣工验收检查，对检查出的问题，及时进行处理和修补。

准备好工程质量评定的各项资料，准备申报建设工程竣工质量核定的有关资料。主要按结构性能、使用功能、外观效果等方面，对工程的地基基础、结构、装修以及水、暖、电、卫、设备安装等各个施工阶段所有质量检查资料，进行系统的整理，包括：分项工程质量检验评定、分部工程质量检验评定、单位工程质量检验评定、隐蔽工程验收记录、生产工艺设备调试及运转记录、吊装及试压记录以及工程质量事故发生情况和处理结果等方面的资料，为正式评定工程质量提供资料和依据，亦为技术档案资料移交归档做准备。

3. 建筑工程竣工验收的依据

建筑工程项目竣工验收的依据，除了必须符合国家规定的竣工标准(或地方政府主管机关规定的具体标准)之外，在进行工程竣工验收和办理工程移交手续时，应该以下列文件作为依据：

(1) 上级主管部门的有关工程竣工的文件和规定；

(2) 建设单位同施工单位签订的工程承包合同；

(3) 工程设计文件(包括：施工图纸、设计说明书、设计变更洽商记录、各种设备说明书)；

(4) 国家现行的施工验收规范；

(5) 建筑安装工程统计规定；

(6) 凡属于从国外引进的新技术或成套设备的工程项目，除上述文件外，还应按照双方签订的合同书和国外提供的设计文件进行验收。

4. 建设工程竣工质量核定

建设工程竣工质量核定，是政府对竣工工程进行质量监督的一种带有法律性的手段，是保证工程质量、保证工程结构安全和使用功能的一种带有法律性的行为，也是竣工工程验收交付使用必须办理的手续。

竣工工程质量核定的范围包括新建、扩建、改建的工业与民用建筑、设备安装工程、市政工程等。一般由城市建设机关的工程质量监督部门承担，竣工工程的质量等级，以承监工程的质量监督机构核定的结果为准，并发给《建设工程质量合格证书》。

核定的方法、步骤和条件是：

(1) 单位工程完工后，施工单位要按照国家质量验收统一标准的规定进行自检，符合有关技术规范、设计文件和合同要求的质量标准后，提交建设单位。建设单位组织设计单位、监理单位、施工单位及有关方面，对工程质量评出等级，并向承监工程的监督机构提出申报竣工工程质量核定。

(2) 申报竣工质量核定的工程的条件：

1) 必须符合国家和本市或地区规定的竣工条件和合同中规定的内容。委托工程监理的工程，必须提供监理单位对工程质量进行监理的有关资料。

2）必须有有关各方签认的验收纪录。对验收各方提出的质量问题，施工单位进行返修的，应有建设(监理)单位的复验记录。

3）提供按照规定齐全有效的施工技术资料。

4）保证竣工质量核定所需的水、电供应及其他必备的条件。

(3）承监工程的监督机构，受理了竣工工程质量核定后，按照国家的《工程质量检验评定标准》进行核定；经核定为合格或优良的工程，发给《合格证书》，并注明其质量等级。“合格证书”正本1件，发给建设单位；副本2件，分别由施工单位和监督机构保存。

工程交付使用后，如工程质量出现永久性缺陷等严重问题，监督机构将收回“合格证书”，并予以公布。

经监督机构核定为不合格的单位工程，不发给“合格证书”，不准投入使用。责任单位在进行限期返修后，再重新进行申报、核定。在核定中，如施工技术资料不能说明结构安全或不能保证使用功能的，由施工单位委托法定检测单位进行检测。核定中，凡属弄虚作假、隐瞒质量事故者，由监督机构对责任单位依法进行处理。

5．工程项目的竣工验收的组织

为了把竣工验收工作做得比较顺利，一般可分为两个步骤进行。一是由施工单位(房屋承包单位)先进行自验；二是正式验收，即由施工单位同建设单位和监理单位共同验收，有的大工程或重要工程，还要上级领导单位或地方政府派员参加，共同进行验收，验收合格后，即可将工程正式移交建设单位使用。

(1）竣工自验

竣工自验亦称竣工预验，是施工单位内部先自我检验，为正式验收做好准备。

1）自验的标准应与正式验收一样，主要依据是：国家(或地方政府主管部门)规定的竣工标准和竣工口径；工程完成情况是否符合施工图纸和设计的使用要求；工程质量是否符合国家和地方政府规定的标准和要求；工程是否达到合同规定的要求和标准等等。

2）参加自验的人员，应由施工单位项目经理组织生产、技术、质量、合同、预算以及有关的施工工长(或施工员、工号负责人)等共同参加。

3）自验的方式，应分层分段、分房间地由上述人员按照自己主管的内容逐一进行检查。在检查中要做好记录。对不符合要求的部位和项目，确定修补措施和标准，并指定专人负责，定期修理完毕。

4）复验。在基层施工单位自我检查的基础上，并对查出的问题全部修补完毕以后，项目经理应提请上级(如果项目经理是施工企业的施工队长级或工区主任级者，应提请公司或总公司一级)进行复验(按一般习惯，国家重点工程、省市级重点工程，都应提请总公司级的上级单位复验)。通过复验，要解决全部遗留问题，为正式验收做好充分的准备。

(2）正式验收

在自验的基础上，确认工程全部符合竣工验收标准，具备了交付使用的条件后，即可开始正式竣工验收工作。

1）发出“竣工验收通知书”。施工单位应于正式竣工验收之日的前10天，向建设单位和工程监理单位发送“竣工验收通知书”。

通知书的主要内容如下：

××(建设单位名称)：

由我单位承建的××工程，定于×年×月×日进行竣工验收。请贵单位在接到本通知书后，约请并组织有关单位和人员，于×年×月×日前来验收，并做完竣工验收工作。

××(施工单位名称)

年 月 日

2）组织验收工作。工程竣工验收工作由建设单位邀请设计单位及有关方面参加，同施工单位一起进行检查验收。列为国家重点工程的大型建设项目，往往由国家有关部委邀请有关方面参加，组成工程验收委员会，进行验收。

3）签发“竣工验收证明书”并办理工程移交。在建设单位验收完毕并确认工程符合竣工标准和合同条款规定要求以后，即应向施工单位签发“竣工验收证明书”。

4）进行工程质量核定。

5）办理工程档案资料移交。

6）办理工程移交手续。在对工程检查验收完毕后，施工单位要向建设单位逐项办理工程移交手续和其他固定资产移交手续，并应签认交接验收证书，办理工程结算手续。工程结算由施工单位提出，送建设单位审查无误以后，由双方共同办理结算签认手续。工程结算手续一旦办理完毕，合同双方除施工单位承担工程保修工作(一般保修期为 1 年)以外，建设单位同施工单位双方(即甲、乙双方)的经济关系和法律责任，即予解除。

6. 建筑工程的回访保修制度

(1) 概念

运行初期的质量保证在很大程度上仍属于承包商的责任，一般工程承包合同都有保修期的规定，为了保证承包商对工程的缺陷责任，常常尚有一笔保修金作为维修的保证。建筑工程的回访保修制度是建筑工程在竣工验收交付使用后，在一定的期限内由施工单位主动定期到建设单位或用户进行回访，对工程发生的确实是由于施工单位施工责任造成的建筑物使用功能不良或无法使用的问题，由施工单位负责修理，直至达到正常使用的标准。

在 2000 年国务院颁布的《建设工程质量管理条例》中对建设工程的质量责任、保修期年限、保修办法都有明确的规定。

在保修阶段一定要进行工程质量跟踪，及时找出运营中的问题，并且精心描述问题、分析责任。有许多问题的解决和质量问题原因的分析，要重新研究过去的工程资料和文件，有的甚至要请专家进行技术鉴定。

(2) 建筑工程的保修

1）保修的范围和时间

按照回访保修制度的要求，各种类型的建筑工程以及建筑工程的各个部位，都应该实行保修，主要是指那些由于施工单位的责任，特别是由于施工质量不良而造成的问题。就过去已发生的情况分析，一般应包括以下几个方面：

① 屋面、地下室、外墙、阳台、厕所、浴室以及厨房等处渗水、漏水者。

② 各种通水管道(包括自来水、热水、污水、雨水等)漏水者，各种气体管道漏气以及通气孔和烟道不通者。

③ 水泥地面有较大面积的空鼓、裂缝或起砂者。

④ 内墙抹灰有较大面积起泡，乃至空鼓脱落或墙面浆活起碱脱皮者；室内墙面地面的瓷砖、陶瓷锦砖、通体砖，地板等各种饰面在使用保修期内自行脱落者；外墙饰面在保修期内自行脱落者等。

⑤ 暖气管线安装不良，跑漏水、气或局部不热者；燃气管线漏气者；管线接口处及卫生陶瓷器具接口处不严造成漏水者。

⑥ 电气线路接触不良，错接线路以及跑电漏电等。

⑦ 其他由于施工不良而造成无法使用或使用功能不能正常发挥的工程部位。

2）不属于保修的方面

① 由于用户在使用过程中损坏或使用不当而造成建筑物功能不良者；

② 由于设计原因造成建筑物功能不良者；

③ 工业产品项目发生问题者。

以上三种情况应由建设单位自行组织修理乃至重新变更设计进行返工。如需原施工单位施工，亦应重新签订协议或合同。

3）工程保修的步骤

① 发送保修证书(或称“房屋保修卡”)

在工程竣工验收的同时(最迟不应超过 3 天到 1 周)，由施工单位向建设单位发送“建筑安装工程保修证书”。保修证书目前在国内没有统一的格式或规定，应由施工单位拟定并统一印制。例如，北京一些大型的建筑集团即统一印制，并由其所属各个施工企业统一执行。保修证书一般的主要内容包括：工程简况，房屋使用管理要求，保修范围和内容，保修时间，保修说明，保修情况记录等。此外，保修证书还应附有保修单位(即施工单位)的名称、详细地址、电话、联系接待部门(如科、室)和联系人，以便于建设单位联系。

② 要求检查和修理

在保修期内，建设单位或用户发现房屋的使用功能不良，又是由于施工质量而影响使用者，可以用口头或书面方式通知施工单位的有关保修部门，说明情况，要求派人前往检查修理。施工单位必须尽快地派人前往检查，并会同建设单位共同做出鉴定，提出修理方案，并尽快地组织人力物力进行修理。

③ 验收

在发生问题的部位或项目修理完毕以后，要在保修证书的“保修记录”栏内做好记录，并经建设单位验收签认，以表示修理工作完结。

(3) 工程回访

1）回访的方式

回访工程的方式一般有两种：一是季节性回访。大多数是雨期回访屋面、墙面的防水情况，冬期回访锅炉房及采暖系统的情况。发现问题采取有效措施，及时加以解决。二是技术性的回访。主要了解在工程施工过程中所采用的新材料、新技术、新工艺、新设备等的技术性能和使用后的效果，发现问题及时加以补救和解决；同时也便于总结经验，获取科学依据，不断改进与完善，并为进一步推广创造条件。这种回访一般是在保修期即将届满之前，进行回访，既可以解决出现的问题，又标志着保修期即将结束，使建设单位注意建筑物的维护和使用。

2）回访的方法

应由施工单位的领导组织生产、技术、质量、水电(也可以包括合同、预算)等有关方面的人员进行回访，必要时还可以邀请科研方面的人员参加。回访时，由建设单位组织座谈会或意见听取会，并察看建筑物和设备的运转情况等。回访必须认真，必须解决问题，并应做出回访记录，必要时应写出回访纪要。不能把回访当成形式或走过场。

3) 回访与保修相结合，在成片或城市小区建设地点设立保修站。

如北京一些大型的建筑集团的一些施工企业，在承建的规模较大的小区，设立保修站(或房屋维修站)，负责其所建工程的维修任务，既大大方便了用户，可随叫随到，同时又可向用户介绍房屋使用的知识，密切了施工企业与用户的关系，树立了良好的企业形象，这种做法是可取的。

第三节 质量控制的方法

一、质量控制中常用的数据

数据是进行质量管理的基础，“一切用数据说话”，才能做出科学的判断。通过收集、整理质量数据，可以帮助我们分析、发现质量问题，以便及时采取对策，纠正和预防质量事故。常用的数据有以下几种：

1. 子样平均值

子样平均值用来表示数据的集中位置，也称为子样的算术平均值，即

$$\bar{\chi} = \frac{1}{n}\sum_{i=1}^{n} x_i$$

式中 n——子样容量；

x_i——子样中第 i 个样品的质量特征值。

2. 中位数

中位数是指将收集到的质量数据按大小次序排列后处在中间位置的数据值，故又称为中值，它也表示数据的集中位置。当子样数为奇数时，取中间一个数为中位数；当为偶数时，则取中间 2 个数的平均值作为中位数。

3. 极差

一组数据中最大值与最小值之差，常用 R 表示，它表示数据分散的程度。

4. 子样标准偏差

子样标准偏差反映数据分散的程度，常用 S 表示，

即
$$S = \sqrt{\frac{\sum_{i=1}^{n}(x_i - \bar{\chi})^2}{n-1}}$$

式中 S——子样标准偏差；

$(x_i - \bar{\chi})$——第 i 个数据与子样平均值 $\bar{\chi}$ 之间的离差。

5. 变异系数

变异系数是用平均数的百分率表示标准偏差的一个系数，用以表示相对波动的大小。

二、质量控制中常用的分析方法

1. 排列图法

(1) 排列图法的概念

排列图法是利用排列图寻找影响质量主次因素的一种有效方法。排列图又叫帕累托图或主次因素分析图，它是由两个纵坐标、一个横坐标、几个连起来的直方形和一条曲线所组成，如图 5-3 所示。

左侧的纵坐标表示频数，右侧纵坐标表示累计频率，横坐标表示影响质量的各个因素或项目，按影响程度大小从左至右排列，直方形的高度示意某个因素的影响大小。实际应用中，排列图通常按累计频率划分为（0%～80%）、（80%～90%）、（90%～100%）三部分，与其对应的影响因素分别为 *A*、*B*、*C* 三类。*A* 类为主要因素，*B* 类为次要因素，*C* 类为一般因素。

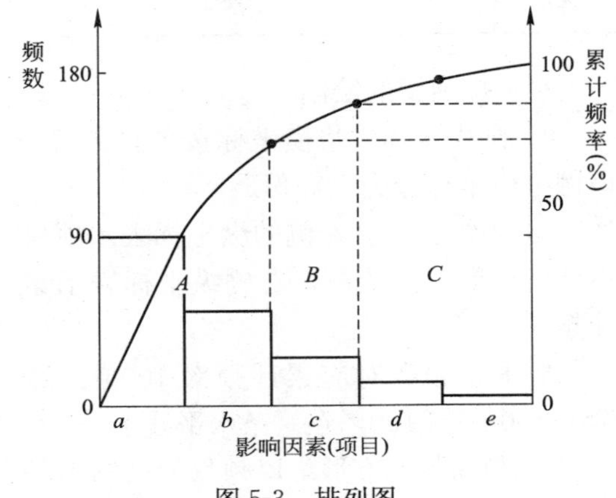

图 5-3 排列图

(2) 排列图的作法

下面结合实例加以说明。

【例 5-1】 某工地现浇混凝土构件尺寸质量检查结果是：在全部检查的 8 个项目中不合格点(超偏差限值)有 150 个，为改进并保证质量，应对这些不合格点进行分析，以便找出混凝土构件尺寸质量的薄弱环节。

(1) 收集整理数据

首先收集混凝土构件尺寸各项目不合格点的数据资料，见表 5-2。各项目不合格点出现的次数即频数。然后对数据资料进行整理，将不合格点较少的轴线位置、预埋设施中心位置、预留孔洞中心位置三项合并为“其他”项。按不合格点的频数由大到小顺序排列各检查项目，“其他”项排在最后。以全部不合格点数为总数，计算各项的频率和累计频率，结果见表 5-3。

不合格点统计表 **表 5-2**

序号	检查项目	不合格点数	序 号	检查项目	不合格点数
1	轴线位置	1	5	平面水平度	15
2	垂 直 度	8	6	表面平整度	75
3	标　　高	4	7	预埋设施中心位置	1
4	截面尺寸	45	8	预留孔洞中心位置	1

不合格点项目频数频率统计表 **表 5-3**

序号	项目	频数	频率(%)	累计频率(%)
1	表面平整度	75	50.0	50.0
2	截面尺寸	45	30.0	80.0

续表

序号	项目	频数	频率(%)	累计频率(%)
3	平面水平度	15	10.0	90.0
4	垂直度	8	5.3	95.3
5	标高	4	2.7	98.0
6	其他	3	2.0	100.0
合计		150	100	

(2) 排列图的绘制

1) 画横坐标。将横坐标按项目数等分，并按项目频数由大到小顺序从左至右排列，该例中横坐标分为六等份。

2) 画纵坐标。左侧的纵坐标表示项目不合格点数，即频数，右侧纵坐标表示累计频率。

要求总频数对应累计频率100%。该例中150应与100%在一条水平线上。

3) 画频数直方形。以频数为高画出各项目的直方形。

4) 画累计频率曲线。从横坐标左端点开始，依次连接各项目直方形右边线及所对应的累计频率值的交点，所得的曲线即为累计频率曲线。图5-4为本例混凝土构件尺寸不合格点排列图。

5) 记录必要的事项。如标题、收集数据的方法和时间等。

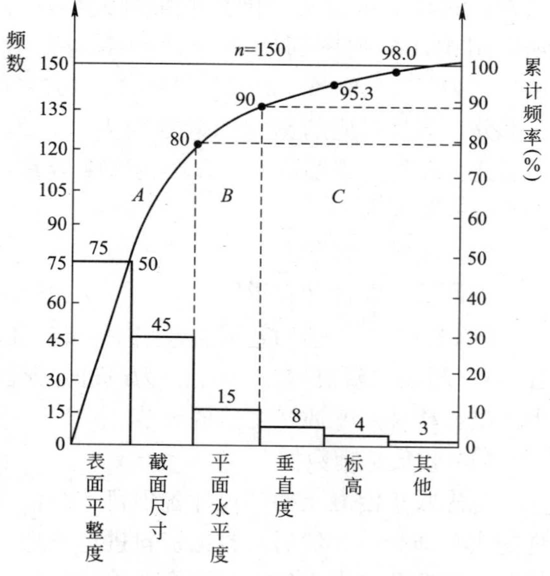

图5-4 混凝土构件尺寸不合格点排列图

(3) 排列图的观察与分析

1) 观察直方形，大致可看出各项目的影响程度。排列图中的每个直方形都表示一个质量问题或影响因素。影响程度与各直方形的高度成正比。

2) 利用 *ABC* 分类法，确定主次因素。将累计频率曲线按(0%～80%)、(80%～90%)、(90%～100%)分为三部分，各曲线下面所对应的影响因素分别为 *A*，*B*、*C* 三类因素，该例中 *A* 类即主要因素是表面平整度(2m长度)、截面尺寸（梁、柱、墙板、其他构件），*B* 类即次要因素是平面水平度，*C* 类即一般因素有垂直度、标高和其他项目。综上分析结果，下步应重点解决 *A* 类等质量问题。

(4) 排列图的应用

排列图可以形象、直观地反映主次因素。其主要应用有：

1) 按不合格点的内容分类，可以分析出造成质量问题的薄弱环节。

2) 按生产作业分类，可以找出生产不合格品最多的关键过程。

3) 按生产班组或单位分类，可以分析比较各单位技术水平和质量管理水平。

4) 将采取提高质量措施前后的排列图对比，可以分析措施是否有效。

5）此外还可以用于成本费用分析、安全问题分析等。

2. 因果分析图法

（1）什么是因果分析法

因果分析图法是利用因果分析图来系统整理分析某个质量问题（结果）与其产生原因之间关系的有效工具。因果分析图也称特性要因图，又因其形状常被称为树枝图或鱼刺图。

因果分析图基本形式如图5-5所示。

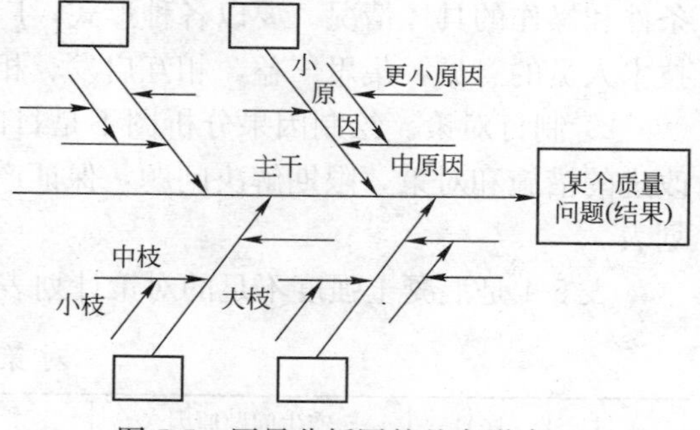

图5-5 因果分析图的基本形式

从图5-5可见，因果分析图由质量特性（即质量结果指某个质量问题）、要因（产生质量问题的主要原因）、枝干（指一系列箭线表示不同层次的原因）、主干（指较粗的直接指向质量结果的水平箭线）等所组成。

（2）因果分析图的绘制

下面结合实例加以说明。

【例5-2】 绘制混凝土强度不足的因果分析图。

因果分析图的绘制步骤与图5-6中箭头方向恰恰相反，是从“结果”开始将原因逐层分解的，具体步骤如下：

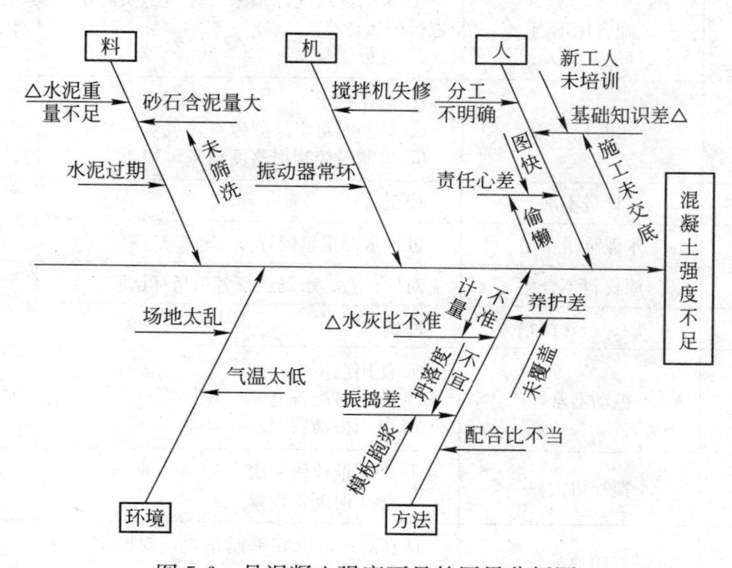

图5-6 是混凝土强度不足的因果分析图

（1）明确质量问题——结果。该例分析的质量问题是“混凝土强度不足”，作图时首先由左至右画出一条水平主干线，箭头指向一个矩形框，框内注明研究的问题，即结果。

（2）分析确定影响质量特性大的方面原因。一般来说，影响质量因素有五大方面，即人、机械、材料、方法、环境等。另外还可以按产品的生产过程进行分析。

（3）将每种大原因进一步分解为中原因、小原因，直至分解的原因可以采取具体措施加以解决为止。

（4）检查图中所列原因是否齐全，可以对初步分析结果广泛征求意见，并做必要的补充及修改。

(5) 选择出影响大的关键因素，做出标记“△”，以便重点采取措施。

(3) 绘制和使用因果分析图时应注意的问题

1) 集思广益。绘制时要求绘制者熟悉专业施工方法技术，调查、了解施工现场实际条件和操作的具体情况。要以各种形式，广泛收集现场工人、班组长、质量检查员、工程技术人员的意见，集思广益，相互启发、相互补充，使因果分析更符合实际。

2) 制订对策。绘制因果分析图不是目的，而是要根据图中所反映的主要原因，制订改进的措施和对策，限期解决问题，保证产品质量。具体实施时，一般应编制一个对策计划表。

表 5-4 是混凝土强度不足的对策计划表。

对策计划表 **表 5-4**

项目	序号	产生问题原因	采取的对策	执行人	完成时间
人	1	分工不明确	根据个人特长、确定每项作业的负责人及各操作人员职责、挂牌示出		
	2	基本知识差	① 组织学习操作规程 ② 搞好技术交底		
方法	3	配合比不当	① 根据数理统计结果，按施工实际水平进行配比计算 ② 进行实验		
	4	水灰比不准	① 制作试块 ② 捣制时每半天测砂石含水率一次 ③ 捣制时控制坍落度在 5cm 以下		
	5	计量不准	校正磅秤		
材料	6	水泥重量不足	进行水泥重量统计		
	7	原材料不合格	对砂、石、水泥进行各项指标试验		
	8	砂、石含泥量大	冲洗		
机械	9	振动器常坏	① 使用前检修一次 ② 施工时配备电工 ③ 备用振动器		
	10	搅拌机失修	① 使用前检修一次 ② 施工时配备检修工人		
环境	11	场地乱	认真清理，搞好平面布置，现场实行分片制		
	12	气温低	准备草包，养护落实到人		

3. 直方图法

(1) 直方图法的用途

直方图法即频数分布直方图法，它是将收集到的质量数据进行分组整理，绘制成频数分布直方图，用以描述质量分布状态的一种分析方法，所以又称质量分布图法。

通过直方图的观察与分析，可了解产品质量的波动情况，掌握质量特性的分布规律，以便对质量状况进行分析判断。同时可通过质量数据特征值的计算，估算施工生产过程总体的不合格品率，评价过程能力等。

(2) 直方图的绘制方法

1) 收集整理数据

用随机抽样的方法抽取数据，一般要求数据在 50 个以上。

【例 5-3】 某建筑施工工地浇筑 C30 混凝土，为对其抗压强度进行质量分析，共收集了 50 份抗压强度试验报告单，经整理见表 5-5。

数据整理表（N/mm） **表 5-5**

序号	抗压强度数据					最大值	最小值
1	39.8	37.7	33.8	31.5	36.1	39.8	31.5
2	37.2	38.0	33.1	39.0	36.0	39.0	33.1
3	35.8	35.2	31.8	37.1	34.0	37.1	31.8
4	39.9	34.3	33.2	40.4	41.2	41.2	33.2
5	39.2	35.4	34.4	38.1	40.3	40.3	34.4
6	42.3	37.5	35.5	39.3	37.3	42.3	35.5
7	35.9	42.4	41.8	36.3	36.2	42.4	35.9
8	46.2	37.6	38.3	39.7	38.0	46.2	37.6
9	36.4	38.3	43.4	38.2	38.0	42.4	36.4
10	44.4	42.0	37.9	38.4	39.5	44.4	37.9

2) 计算极差 R

极差 R 是数据中最大值和最小值之差，在［例 5-3］中：

$$X_{max}=46.2\text{N/mm}^2$$

$$X_{min}=31.5\text{N/mm}^2$$

$$R=X_{max}-X_{min}=46.2-31.5=14.7\text{N/mm}^2$$

3) 对数据分组

包括确定组数、组距和组限。

① 确定组数 k。确定组数的原则是分组的结果能正确地反映数据的分布规律。组数应根据数据多少来确定。组数过少，会掩盖数据的分布规律；组数过多，使数据过于零乱分散，也不能显示出质量分布状况。一般可参考表 5-6 的经验数值确定。

数据分组参考值 **表 5-6**

数据总数 n	50～100	100～200	200 以上
分组数 k	6～10	7～12	10～20

本例中取 $k=8$。

② 确定组距 h，组距是组与组之间的间隔，也即一个组的范围。各组距应相等，于是有：

$$极差\approx组距\times组数$$

即
$$R\approx h\cdot k$$

因而组数、组距的确定应结合极差综合考虑，适当调整，还要注意数值尽量取整，使分组结果能包括全部变量值，同时也便于以后的计算分析。

例 5-3 中：$$h=\frac{R}{k}=\frac{14.7}{8}=1.8\approx 2\text{N/mm}^2$$

③ 确定组限。每组的最大值为上限，最小值为下限，上、下限统称组限。确定组限时应注意使各组之间连续，即较低组上限应为相邻较高组下限，这样才不致使有的数据被遗漏。对恰恰处于组限值上的数据，其解决的办法有二：一是规定每组上(或下)组限不计在该组内，而应计入相邻较高(或较低)组内；二是将组限值较原始数据精度提高半个最小测量单位。

【例 5-4】 采取第一种办法划分组限，即每组上限不计入该组内。

首先确定第一组下限：

$$X_{\min}-\frac{h}{2}=31.5-1=30.5$$

第一组上限：30.5+h=30.5+2=32.5

第二组下限=第一组上限=32.5

第二组上限：32.5+h=32.5+2=34.5

以下以此类推，最高组限为 44.5～46.5，分组结果覆盖了全部数据。

4）编制数据频数统计表

统计各组频数，可采用唱票形式进行，频数总和应等于全部数据个数。例［5-3］频数统计结果见表 5-7。

频数统计表 表 5-7

组号	组限(N/mm²)	频数统计	频数	组号	组限(N/mm²)	频数统计	频数
1	30.5～32.5	丅	2	5	38.5～40.5	正𠂇	9
2	32.5～34.5	正一	6	6	40.5～42.5	正	5
3	34.5～36.5	正正	10	7	42.5～44.5	丅	2
4	36.5～38.5	正正正	15	8	44.5～46.5	一	1
合计							50

从表 5-7 中可以看出，浇筑 C30 混凝土，50 个试块的抗压强度是各不相同的，这说明质量特性值是有波动的。但这些数据分布是有一定规律的，就是数据在一个有限范围内变化，且这种变化有一个集中趋势，即强度值在 36.5～38.5 范围内的试块最多，可把这个范围即第四组视为该样本质量数据的分布中心，随着强度值的逐渐增大频数逐渐增大，在该范围外，随着强度值的逐渐增大频数逐渐减小。为了更直观、更形象地表现质量特征值的这种分布规律，应进一步绘制出直方图。

5）绘制频数分布直方图　在频数分布直方图中，横坐标表示质量特性值，本例中为混凝土强度，并标出各组的组限值。根据表 5-7 可以画出以组距为底，以频数为高的直方形，便得到混凝土强度的频数分布直方图，如图 5-7 所示。

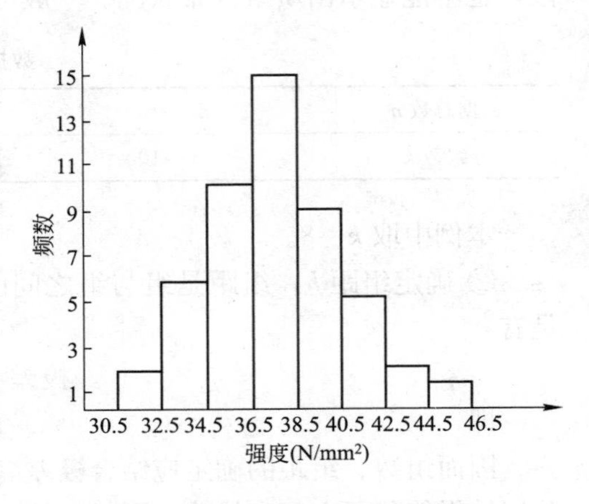

图 5-7　混凝土强度分布直方图

(3) 直方图的观察与分析

1) 观察直方图的形状、判断质量分布状态。

作完直方图后，首先要认真观察直方图的整体形状，看其是否属于正常型直方图。正常型直方图就是中间高，两侧低，左右接近对称的图形，如图 5-8(a)所示。

出现非正常型直方图时，表明生产过程或收集数据作图有问题。这就要求进一步分析判断，找出原因，从而采取措施加以纠正。凡属非正常型直方图，其图形分布有各种不同缺陷，归纳起来一般有五种类型，如图 5-8 所示。

① 折齿型(图 5-8b)，是由于分组组数不当或者组距确定不当出现的直方图。

② 左(或右)缓坡型(图 5-8c)，主要是由于操作中对上限(或下限)控制太严造成的。

③ 孤岛型(图 5-8d)，是原材料发生变化，或者临时他人顶班作业造成的。

④ 双峰型(图 5-8e)，是由于用两种不同方法或两台设备或两组工人进行生产，然后把两方面数据混在一起整理产生的。

⑤ 绝壁型(图 5-8f)，是由于数据收集不正常，可能有意识地去掉下限以下的数据，或是在检测过程中存在某种人为因素所造成的。

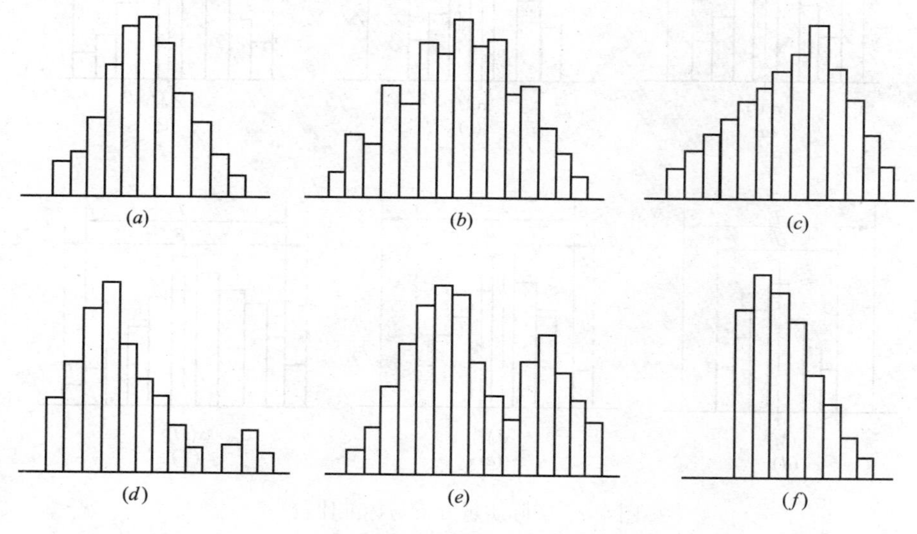

图 5-8 常见的直方图图形

(a)正常型；(b)折齿型；(c)左缓坡型；(d)孤岛型；(e)双峰型；(f)绝壁型

2) 将直方图与质量标准比较，判断实际生产过程能力。

作出直方图后，除了观察直方图形状，分析质量分布状态外，再将正常型直方图与质量标准比较，从而判断实际生产过程能力。正常型直方图与质量标准相比较，一般有如图 5-9 所示六种情况。

① 图 5-9(a)，B 在 T 中间，质量分布中心 X 与质量标准中心 M 重合，实际数据分布与质量标准相比较两边还有一定余地。这样的生产过程质量是很理想的，说明生产过程处于正常的稳定状态。在这种情况下生产出来的产品可认为全都是合格品。

② 图 5-9(b)，B 虽然落在 T 内，但质量分布中 X 与 T 的中心 M 不重合，偏向一边。这样如果生产状态一旦发生变化，就可能超出质量标准下限而出现不合格品。出现这样情

况时应迅速采取措施，使直方图移到中间来。

③ 图 5-9(c)，B 在 T 中间，且 B 的范围接近 T 的范围，没有余地，生产过程一旦发生小的变化，产品的质量特性值就可能超出质量标准。出现这种情况时，必须立即采取措施，以缩小质量分布范围。

④ 图 5-9(d)，B 在 T 中间，但两边余地太大，说明加工过于精细，不经济。在这种情况下，可以对原材料、设备、工艺、操作等控制要求适当放宽些，有目的地使用、扩大，从而有利于降低成本。

⑤ 图 5-9(e)，质量分布范围 B 已超出标准下限之外，说明已出现不合格品。此时必须采取措施进行调整，使质量分布位于标准之内。

⑥ 图 5-9(f)，质量分布范围完全超出了质量标准上、下界限，散差太大，产生许多废品，说明过程能力不足，应提高过程能力，使质量分布范围 B 缩小。

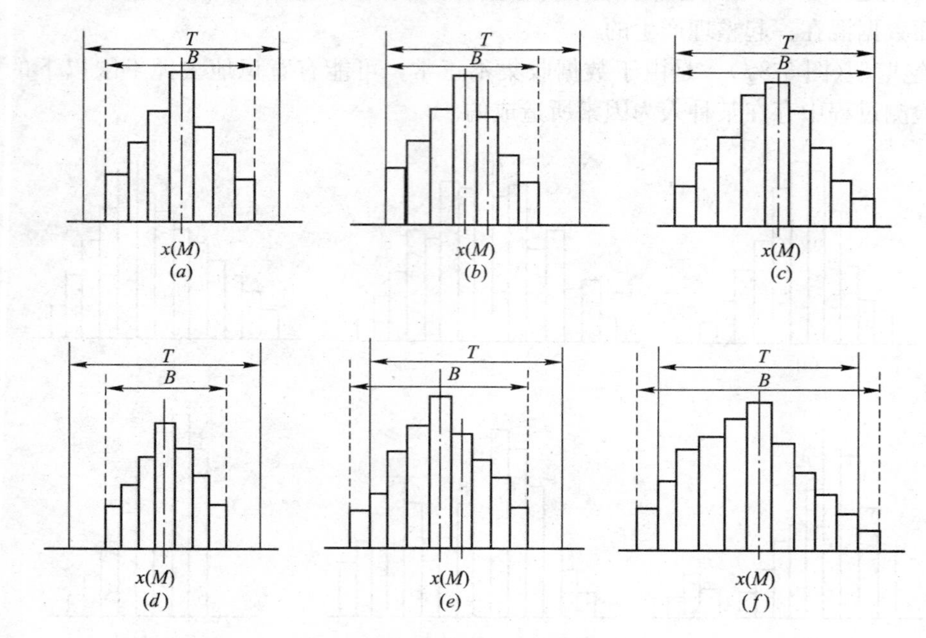

图 5-9 实际质量分析与标准比较

T—表示质量标准要求界限；x—质量分布中心；M—质量标准中心；B—表示实际质量特性分布范围

4. 控制图法

(1) 控制图的基本形式及其用途

控制图又称管理图。它是在直角坐标系内画有控制界限，描述生产过程中产品质量波动状态的图形。利用控制图区分质量波动原因，判明生产过程是否处于稳定状态的方法称为控制图法。

1) 控制图的基本形式

控制图的基本形式如图 5-10 所示。横坐标为样本(子样)序号或抽样时间，纵坐

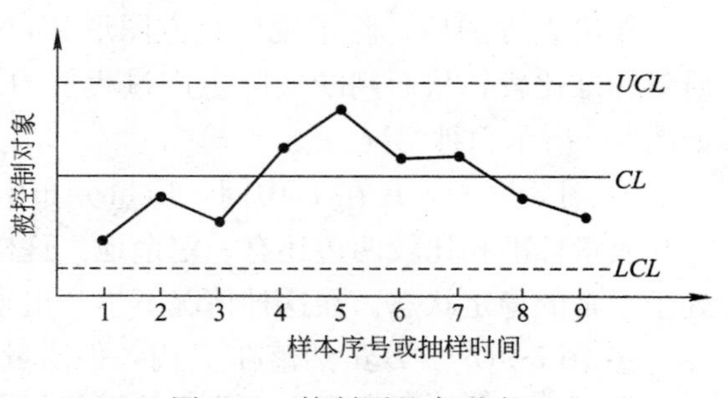

图 5-10 控制图基本形式

标为被控制对象，即被控制的质量特性值。控制图上一般有三条线：在上面的一条虚线称为上控制界限，用符号 *UCL* 表示；在下面的一条虚线称为下控制界限，用符号 *LCL* 表示；中间的一条实线称为中心线，用符号 *CL* 表示。中心线标志着质量特性值分布的中心位置，上下控制界限标志着质量特性值允许波动范围。

在生产过程中通过抽样取得数据，把样本统计量描在图上来分析判断生产过程状态。如果点随机地落在上、下控制界限内，则表明生产过程正常处于稳定状态，不会产生不合格品；如果点超出控制界限，或点排列有缺陷，则表明生产条件发生了异常变化，生产过程处于失控状态。

2）控制图的用途

控制图是用样本数据来分析判断生产过程是否处于稳定状态的有效工具。它的用途主要有两个：

① 过程分析，即分析生产过程是否稳定。为此，应随机连续收集数据，绘制控制图，观察数据点分布情况并判定生产过程状态。

② 过程控制，即控制生产过程质量状态。为此，要定时抽样取得数据，将其变为点子描在图上，发现并及时消除生产过程中的失调现象，预防不合格品的产生。

前述排列图、直方图法是质量控制的静态分析法，反映的是质量在某一段时间里的静止状态。然而产品都是在动态的生产过程中形成的，因此，在质量控制中单用静态分析法显然是不够的，还必须有动态分析法。只有动态分析法，才能随时了解生产过程中质量的变化情况，及时采取措施，使生产处于稳定状态，起到预防出现废品的作用。控制图就是典型的动态分析法。

（2）控制图的原理

前面已讲到，影响生产过程和产品质量的原因，可分为系统性原因和偶然性原因。

在生产过程中，如果仅仅存在偶然性原因影响，而不存在系统性原因，这时生产过程是处于稳定状态，或称为控制状态。其产品质量特性值的波动是有一定规律的，即质量特性值分布服从正态分布。控制图就是利用这个规律来识别生产过程中的异常原因，控制系统性原因造成的质量波动，保证生产过程处于控制状态。

如何衡量生产过程是否处于稳定状态呢？我们知道：一定状态下的生产的产品质量是具有一定分布的，过程状态发生变化，产品质量分布也随之改变。观察产品质量分布情况，一是看分布中心位置(μ)；二是看分布的离散程度(σ)。这可通过图 5-11 所示的四种情况来说明。

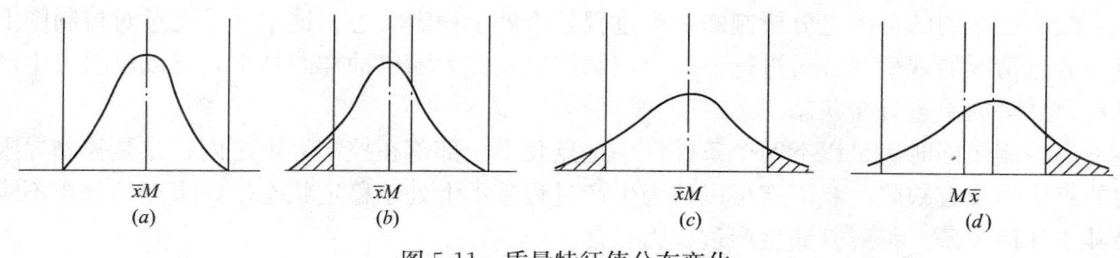

图 5-11 质量特征值分布变化

图 5-11(a)，反映产品质量分布服从正态分布，其分布中心与质量标准中心 M 重合，散差分布在质量控制界限之内，表明生产过程处于稳定状态，这时生产的产品基本上都是

合格品；可继续生产。

图 5-11(b)，反映产品质量分布散差没变，而分布中心发生偏移。

图 5-11(c)，反映产品质量分布中心虽然没有偏移，但分布的散差变大。

图 5-11(d)，反映产品质量分布中心和散差都发生了较大变化，即 $\mu(x)$值偏离标准中心，$\sigma(s)$值增大。

后三种情况都是由于生产过程中存在异常原因引起的，都出现了不合格品，应及时分析，消除异常原因的影响。

综上所述，我们可依据描述产品质量分布的集中位置和离散程度的统计特征值，随时间（生产进程）的变化情况来分析生产过程是否处于稳定状态。在控制图中，只要样本质量数据的特征值是随机地落在上、下控制界限之内，就表明产品质量分布的参数 μ 和 σ 基本保持不变，生产中只存在偶然原因，生产过程是稳定的。而一旦发生了质量数据点飞出控制界限之外，或排列有缺陷，则说明生产过程中存在系统原因，使 μ 和 σ 发生了改变，生产过程出现异常情况。

(3) 控制图的种类

1) 按用途分类

① 分析用控制图。主要是用来调查分析生产过程是否处于控制状态。绘制分析用控制图时，一般需连续抽取 20～25 组样本数据，计算控制界限。

② 管理(或控制)用控制图。主要用来控制生产过程，使之经常保持在稳定状态下。当根据分析用控制图判明生产处于稳定状态时，一般都是把分析用控制图的控制界限延长作为管理用控制图的控制界限，并按一定的时间间隔取样、计算、打点，根据点分布情况，判断生产过程是否有异常原因影响。

2) 按质量数据特点分类

① 计量值控制图。主要适用于质量特性值属于计量值的控制，如时间、长度、重量、强度、成分等连续型变量。计量值性质的质量特性值服从正态分布规律。常用的计量值控制图有：A. X-R 控制图；B. X 控制图；C. X-R_s 控制图。

② 计数值控制图。通常用于控制质量数据中的计数值，如不合格品数、疵点数、不合格品率、单位面积上的疵点数等离散型变量。根据计数值的不同又可分为计件值控制图和计点值控制图。计件值控制图有不合格品数 n 控制图和不合格品率 p 控制图。计点值控制图有缺陷数 c 控制图和单位缺陷数 μ 控制图。

(4) 控制图的观察与分析

绘制控制图的目的是分析判断生产过程是否处于稳定状态。这主要是通过对控制图上点的分布情况的观察与分析进行。因为控制图上点作为随机抽样的样本，可以反映出生产过程(总体)的质量分布状态。

当控制图同时满足以下两个条件：一是点几乎全部落在控制界限之内；二是控制界限内的点排列没有缺陷。我们就可以认为生产过程基本上处于稳定状态。如果点的分布不满足其中任何一条，都应判断生产过程为异常。

1) 点几乎全部落在控制界线内，是指应符合下述三个要求：

① 连续 25 点以上处于控制界限内；

② 连续 35 点中仅有 1 点超出控制界限；

③ 连续 100 点中不多于 2 点超出控制界限。

2）点排列没有缺陷，是指点的排列是随机的，而没有出现异常现象。这里的异常现象是指点排列出现了“链”、“多次同侧”、“趋势或倾向”、“周期性变动”、“接近控制界限”等情况。

① 链。是指点连续出现在中心线一侧的现象。出现五点链，应注意生产过程发展状况。出现六点链，应开始调查原因。出现七点链，应判定工序异常，需采取处理措施，如图 5-12(*a*)所示。

② 多次同侧。是指点在中心线一侧多次出现的现象，或称偏离。下列情况说明生产过程已出现异常：在连续 11 点中有 10 点在同侧，如图 5-12(*b*)所示。在连续 14 点中有 12 点在同侧。在连续 17 点中有 14 点在同侧。在连续 20 点中有 16 点在同侧。

③ 趋势或倾向。是指点连续上升或连续下降的现象。连续 7 点或 7 点以上上升或下降排列，就应判定生产过程有异常因素影响，要立即采取措施，如图 5-12(*c*)所示。

④ 周期性变动。即点子的排列显示周期性变化的现象。这样即使所有点子都在控制界限内，也应认为生产过程为异常，如图 5-12(*d*)所示。

⑤ 点排列接近控制界限。是指点落在了 $\mu\pm2\sigma$ 以外和 $\mu\pm3\sigma$ 以内。如属下列情况的判定为异常：连续 3 点至少有 2 点接近控制界限；连续 7 点至少有 3 点接近控制界限，连续 10 点至少有 4 点接近控制界限，如图 5-12(*e*)所示。

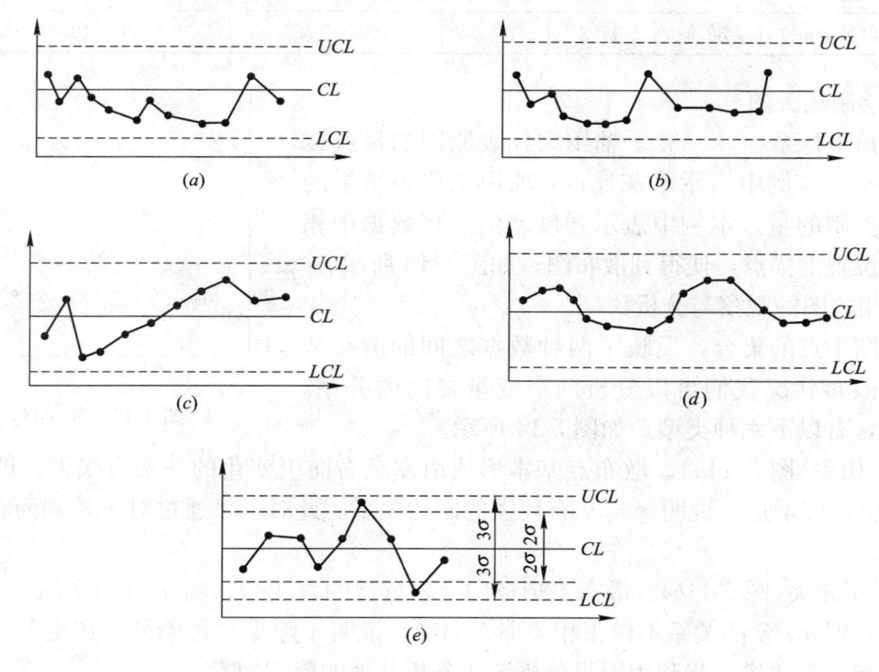

图 5-12 有异常现象的点排列

以上是分析用控制图判断生产过程是否正常的准则。如果生产过程处于稳定状态，则把分析用控制图转为管理用控制图。分析用控制图是静态的，而管理用控制图是动态的。随着生产过程的进展，通过抽样取得质量数据把点描在图上，随时观察点的变化，一是点落在控制界限外或界限上，即判断生产过程异常，点即使在控制界限内，也应随时观察其有无缺陷，以对生产过程正常与否做出判断。

5. 相关图法

(1) 相关图法的用途

相关图又称散布图。在质量控制中它是用来显示两种质量数据之间关系的一种图形。质量数据之间的关系多属相关关系。一般有三种类型：一是质量特性和影响因素之间的关系；二是质量特性和质量特性之间的关系；三是影响因素和影响因素之间的关系。

我们可以用 Y 和 X 分别表示质量特性值和影响因素，通过绘制散布图，计算相关系数等，分析研究两个变量之间是否存在相关关系，以及这种关系：密切程度如何，进而对相关程度密切的两个变量，通过对其中一个变量的观察控制，去估计控制另一个变量的数值，以达到保证产品质量的目的。这种统计分析方法，称为相关图法。

(2) 相关图的绘制方法

【例 5-5】 分析混凝土抗压强度和水灰比之间的关系。

(1) 收集数据

要成对地收集两种质量数据，数据不得过少。本例收集数据见表 5-8。

混凝土抗压强度与水灰比统计资料 **表 5-8**

	序号	1	2	3	4	5	6	7	8
x	水灰比(W/C)	0.4	0.45	0.5	0.55	0、6	0.65	0.7	0.75
y	强度(N/mm²)	36.3	35.3	28.2	24.0	23.0	20.6	18.4	15.0

(2) 绘制相关图

在直角坐标系中，一般 x 轴用来代表原因的量或较易控制的量，本例中表示水灰比；y 轴用来代表结果的量或不易控制的量，本例中表示强度。然后将数据中相应的坐标位置上描点，便得到散布图，如图 5-13 所示。

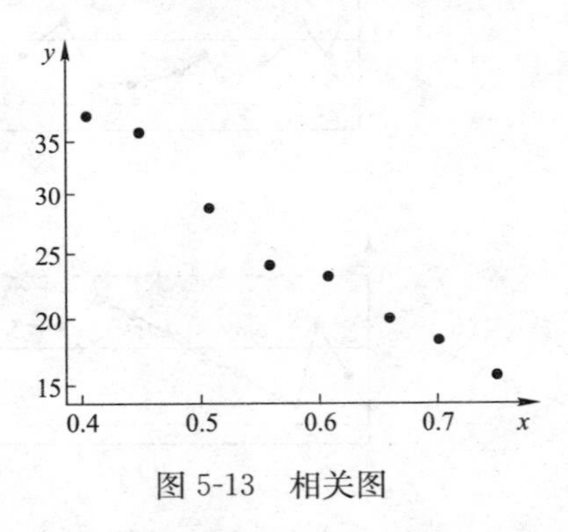

图 5-13 相关图

(3) 相关图的观察与分析

相关图中点的集合，反映了两种数据之间的散布状况，根据散布状况我们可以分析两个变量之间的关系。归纳起来，有以下六种类型，如图 5-14 所示。

1) 正相关(图 5-14*a*)。散布点基本形成由左至右向上变化的一条直线带，即随 x 增加，y 值也相应增加，说明 x 与 y 有较强的制约关系。此时，可通过对 x 控制而有效控制 y 的变化。

2) 弱正相关(图 5-14*b*)。散布点形成向上较分散的直线带。随 x 值的增加，y 值也有增加趋势，但 x、y 的关系不像正相关那么明确。说明 y 除受 x 影响外，还受其他更重要的因素影响。需要进一步利用因果分析图法分析其他的影响因素。

3) 不相关(图 5-14*c*)。散布点形成一团或平行于 x 轴的直线带。说明 x 变化不会引起 y 的变化或其变化无规律，分析质量原因时可排除 x 因素。

4) 负相关(图 5-14*d*)。散布点形成由左向右向下的一条直线带。说明 x 对 y 的影响与正相关恰恰相关。

5) 弱负相关(图 5-14*e*)。散布点形成由左至右向下分布的较分散的直线带。说明 x 与

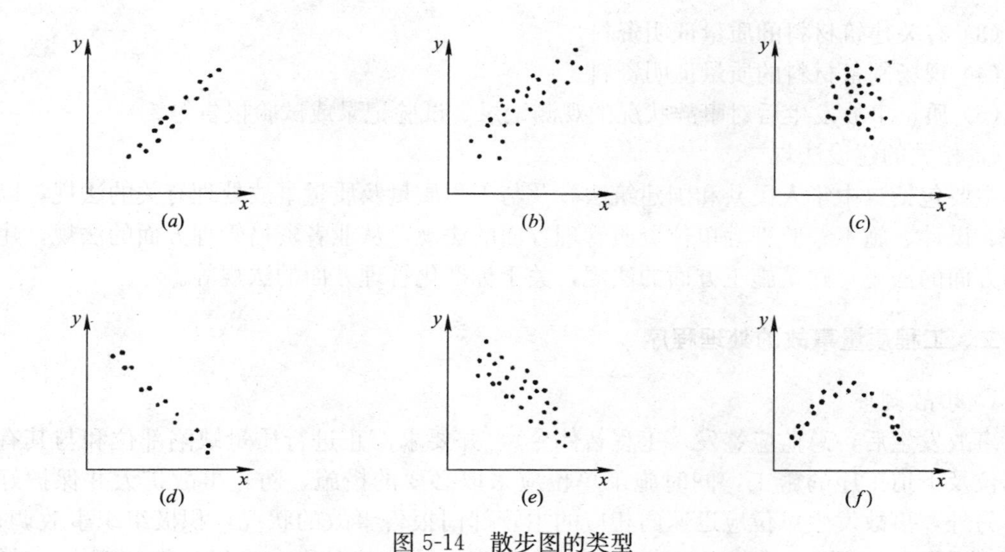

图 5-14 散步图的类型

y 的相关关系较弱，且变化趋势相反，应考虑寻找影响 y 的其他更重要的因素。

6）非线性相关(图 5-14f)。散布点呈一曲线带，即在一定范围内 x 增加，y 也增加；超过这个范围 x 增加，y 则有下降趋势，或改变变动的斜率呈曲线形态。

从图 5-14 可以看出本例水灰比对强度影响是属于负相关。初步结果是，在其他条件不变情况下，混凝土强度随着水灰比增大有逐渐降低的趋势。

第四节 施工质量事故处理

一、工程质量事故处理的依据

进行工程质量事故处理的主要依据有四个方面：质量事故的实况资料；具有法律效力的，得到有关当事各方认可的工程承包合同、设计委托合同、材料或设备购销合同以及分包合同等合同文件；有关的技术文件、档案和相关的建设法规。

1. 质量事故的实况资料

有关质量事故实况的资料主要可来自以下两方面。

(1) 施工单位的质量事故调查报告：报告中应主要包括质量事故发生的时间、地点、质量事故状况的描述；质量事故发展变化的情况；有关质量事故的观测记录、事故现场状态的照片或录像。

(2) 事故调查组调查研究所获得的第一手资料。

2. 有关合同及合同文件

包括工程承包合同、设计委托合同、设备与器材购销合同、监理合同及分包合同等。

3. 有关的技术文件和档案

(1) 有关的设计文件：如施工图纸和技术说明。

(2) 与施工有关的技术文件、档案和资料，如施工方案、施工计划、施工记录、施工日志。

（3）有关建筑材料的质量证明资料。

（4）现场制备材料的质量证明资料。

（5）质量事故发生后对事故状况的观测记录、试验记录或试验报告等。

4. 相关的建设法规

主要包括《中华人民共和国建筑法》及与工程质量及质量事故处理有关的法规，以及勘察、设计、施工、监理等单位资质管理方面的法规，从业者资格管理方面的法规，建筑市场方面的法规，建筑施工方面的法规，关于标准化管理方面的法规等。

二、工程质量事故的处理程序

1. 事故调查

事故发生后，总监应签发《工程暂停令》，并要求停止进行质量缺陷部位和与其有关联部位及下道工序的施工，同时施工单位应采取必要的措施，防止事故扩大并保护好现场。另外，事故发生单位应迅速向相应的主管部门报告事故的状况，积极组织事故调查，并写出质量事故报告。其主要内容包括：事故发生的单位名称、工程名称、部位、时间、地点、事故情况；事故发生后所采取的临时防护措施；事故调查中的有关数据、资料；事故原因分析与初步判断；事故处理的建议方案与措施；事故涉及人员与主要责任者的情况等。

2. 事故的原因分析

要建立在事故情况调查的基础上，避免情况不明就主观推断事故的原因。特别是对涉及勘察、设计、施工、材料和管理等方面的质量事故，往往事故的原因错综复杂，因此，必须对调查所得到的数据、资料进行仔细的分析，去伪存真，找出造成事故的主要原因。

3. 事故处理方案的确定

这里所指的处理方案主要是技术方案，其目的是消除质量隐患，达到建筑物的安全可靠和正常使用各项功能及寿命要求，保证施工的正常进行。事故的处理要建立在原因分析的基础上，并广泛地听取专家及有关方面的意见，经科学论证，决定事故是否进行处理和怎样处理。

4. 事故处理

根据质量事故的处理方案，对质量事故进行认真的处理。处理的内容主要包括：事故的技术处理，以解决施工质量不合格和缺陷问题；事故的责任处罚，根据事故的性质、损失大小、情节轻重对事故的责任单位和责任人做出相应的行政处分直至追究刑事责任。

5. 事故处理的鉴定验收

质量事故的处理是否达到预期的目的，是否依然存在隐患，应当通过检查鉴定和验收做出确认。事故处理的质量检查鉴定，应严格按施工验收规范和相关的质量标准的规定进行，必要时还应通过实际量测、试验和仪器检测等方法获取必要的数据，以便准确地对事故处理的结果做出鉴定。事故处理后，必须尽快提交完整的事故处理报告，其内容包括：事故调查的原始资料、测试的数据；事故原因分析、论证；事故处理的依据；事故处理的方案及技术措施；实施质量处理中有关的数据、记录、资料；检查验收记录；事故处理的结论等。

三、工程质量事故处理的方案类型

1. 修补处理

通常当工程的某个分项分部的质量虽未达到规定的规范、标准或设计的要求，存在一定的缺陷，但经过修补后可以达到要求的质量标准，又不影响使用功能或外观的要求，可采取修补处理的方法。例如，某些混凝土结构表面出现蜂窝、麻面，经调查分析，该部位经修补处理后，不会影响其使用及外观；又如：某些事故造成的结构混凝土表面裂缝，可根据其受力情况，仅做表面封闭保护。

2. 加固处理

主要是针对危及承载力的质量缺陷的处理。通过对缺陷的加固处理，使建筑结构恢复或提高承载力，重新满足结构安全性可靠性的要求，使结构能继续使用或改作其他用途。

3. 返工处理

当工程质量未达到规定的标准和要求，存在严重的质量问题，对结构的使用和安全构成重大影响，经过修补处理后仍不能满足规定的质量标准要求，或不具备补救可能性则必须采取返工处理。例如，某防洪堤坝填筑压实后，其压实土的干密度未达到规定值，经核算将影响土体的稳定且不满足抗渗能力的要求，须挖除不合格土，重新填筑，进行返工处理；对某些存在严重质量缺陷，且无法采用加固处理等修补或修补处理费用比原来造价还高的工程，应进行整体拆除，全面返工。

4. 不做处理

某些工程质量问题虽然达不到规定的要求或标准，但其情况不严重，对工程或结构的使用及安全影响很小，经过分析、论证、法定检测单位鉴定和设计单位等认可后可不专门做处理。一般可不做专门处理的情况有以下几种：

(1) 不影响结构安全和正常使用的。例如，某些部位的混凝土表面的裂缝，经检查分析，属于表面养护不够的干缩微裂，不影响使用和外观，也可不做处理。

(2) 后道工序可以弥补的质量缺陷。例如，混凝土结构表面的轻微麻面，可通过后续的抹灰、刮涂、喷涂等弥补，也可不做处理。

(3) 法定检测单位鉴定合格的。例如，某检验批混凝土试块强度值不满足规范要求，强度不足，但经法定检测单位对混凝土实体强度进行实际检测后，其实际强度达到规范允许和设计要求值时，可不做处理。

(4) 出现的质量缺陷，经检测鉴定达不到设计要求，但经原设计单位核算，仍能满足结构安全和使用功能的。例如，某一结构构件截面尺寸不足，或材料强度不足，影响结构承载力，但按实际情况进行复核验算后仍能满足设计要求的承载力时，可不进行专门处理。这种做法实际上是挖掘设计潜力或降低设计的安全系数，应谨慎处理。

四、工程质量事故处理的签订验收

1. 检查验收

工程质量事故处理完成后施工单位应自行检查是否合格，在自检合格的基础上报监理工程师，监理工程师应严格按照施工验收标准及有关规范的规定进行，结合监理人员的旁站、巡视等结果，通过实际测量，检查各种资料数据进行验收。

2. 必要的鉴定

为确保工程质量事故的处理效果，凡涉及结构承载力等使用安全和其他重要性能的处理工作，通常需要做必要的试验和检验鉴定工作。检验鉴定必须委托有资质的法定检测单位进行。

3. 确定验收结论

验收结论通常有以下几种：

(1) 事故已排除，可以继续施工。

(2) 隐患已消除，结构安全有保证。

(3) 经修补处理后，完全能够满足使用要求。

(4) 基本上满足使用要求，但使用时有附加限制条件。

(5) 对建筑物外观影响的结论。

(6) 对短时间内难以作出结论的，可提出进一步的观测检验意见。

第六章　建设工程职业健康安全与环境管理

第一节　职业健康安全与环境管理概述

一、职业健康安全与环境管理的概念

1. 安全

安全是免除了不可接受的损害风险（危险）的状态。其中“不可接受的损害风险（危险）”是指：

——超出了法规的要求；

——超出了方针、目标和组织规定的其他要求。

——超出了人们普遍接受程度（通常是隐含的）的要求。

在生活中，绝大情况下都存在着风险，如行人过马路时会有发生交通事故的风险、航空旅行过程中可能会有发生航空事故的风险、生产操作中会有发生生产事故的风险，但当存在的风险可以接受时，就可以认为处在安全状态。因此，安全是个相对的概念。对于建筑施工来讲，近年来施工安全工作有了很大的提高，但建筑施工还是存在着风险，因此正确理解安全的定义有助于树立符合实际的安全工作目标。

2. 职业健康安全

职业健康安全（OHS）是国际上通用的词语，通常是指影响一组特定人员的健康和安全的条件和因素。其中，“特定人员”是指在场所内组织（或企业）的正式员工、临时工、合同方人员，以及进入场所的参观访问人员和其他人员；影响健康和安全的条件和因素包括工作场所内的工作环境、安全措施、生产作业对人体的影响（如职业病、因工受伤）等。

3. 环境

环境是指组织运行活动的外部存在，包括空气、水、土地、自然资源、植物、动物、人，以及它（他）们之间的相互关系。

4. 职业健康安全与环境管理

职业健康安全管理是组织对其生产活动、产品与服务中与职业健康安全发生相互作用的不健康、不安全的条件和因素进行的管理。组织在职业健康安全管理中，建立职业健康安全的方针和目标、识别与组织运行活动有关的危险源及其风险，通过风险评价，对不可接受的风险采取措施进行管理和控制。在我国，通常把职业健康安全管理称为安全生产管理。

环境管理则是组织对生产活动、产品与服务中能与环境发生相互作用的要素进行的管理。组织在环境管理中，建立环境管理的方针和目标，识别与组织运行活动有关的环境因素，通过环境影响评价，对能够产生重大环境影响的环境因素采取措施进行管理和

控制。

职业健康安全管理和环境管理是组织管理体系的一部分。目前，建立、实施和保持质量、环境与职业健康安全三项国际通行的管理体系认证是现代企业管理的一个重要标志，也是各国政府都很重视的一项工作。

二、职业健康安全与环境管理的目的和任务

1. 职业健康安全管理的目的

职业健康安全管理的目的是在生产活动中，通过安全生产的管理活动，并通过对生产因素的具体的状态控制，使生产因素的不安全的行为和状态减少或消除，并不引发事件，尤其是不引发使人受到伤害的事故，以保护生产活动中人的安全和健康。建筑施工行业是安全事故最多的行业之一，建设工程项目的职业健康安全管理有着特殊的意义，“百年大计，安全第一”是每一个建筑施工企业必须落实的口号。

2. 环境管理的目的

环境管理的目的是在生产活动中，通过环境因素的管理活动，控制作业现场的各种粉尘、废水、废气、固体废弃物以及噪声、振动对环境的污染和危害，使环境不受到污染，使资源得到节约。建设工程项目的环境管理是指保护和改善施工现场的环境，要求企业按照国家、地方的法律法规和行业、企业的要求，采取措施控制施工现场的粉尘、废水、废气、固体废弃物以及噪声、振动等对环境的污染和危害，并且注意节约资源。

3. 职业健康安全与环境管理的任务

职业健康安全与环境管理的任务是建筑生产组织(企业)为达到建筑工程职业健康安全与环境管理的目的而进行的组织计划、控制、领导和协调的活动。它包括制订、实施、实现、评审和保持职业健康安全与环境方针所需的组织机构、计划活动、职责、惯例、程序、过程和资源。不同的组织(企业)根据自己的情况制订方针，为实施、实现、评审和保持(持续改进)其方针需要进行以下管理工作：

(1) 建立组织机构；

(2) 安排计划活动；

(3) 明确各项职责及其负责的机构或单位；

(4) 说明应遵守的有关法律法规或单位；

(5) 规定进行活动或过程的途径；

(6) 确定实现的过程；

(7) 提供人员、设备、资金和信息等资源。

三、职业健康安全与环境管理的特点

职业健康安全与环境管理强调的是重视人员的健康、安全和环保。由于建设工程产品在形成过程中，在人员流动及产品性能等方面具有一定的特性，从而决定了建设工程的职业健康安全与环境管理有如下特点：

1. 复杂性

建筑产品的固定性和人员的流动性决定了建设工程职业健康安全与环境管理的复杂

性。在建筑施工过程中，施工人员、工具与设备经常要在同一工地的不同建筑之间，甚至同一建筑的不同建筑部位流动，如果一项工程施工完毕，施工队伍还将转入另一项新工程，由于人员的流动频繁，对人员的教育、管理都会造成较大的困难。另外，由于建筑产品还受到诸如露天作业、气候条件、工程地质和水文条件、地理条件和地域资源等外部因素的影响，施工进程、方法和最终产品质量都可能受到影响，从而构成建设工程职业健康安全与环境管理的复杂性。

2. 多变性

职业健康安全与环境管理的多变性来源于建筑产品的多样性和生产的单件性。由于建筑产品不能按同一图纸、同一施工工艺、同一生产设备进行批量重复生产，每一个建筑产品都要根据其特定要求进行施工，而且在施工过程中，施工生产组织及机构变动频繁，试验性研究课题多，碰到的新技术、新工艺、新设备、新材料也会给管理带来不少难题。因此，每个建设工程项目都要根据项目本身的实际情况，制订职业健康安全与环境管理计划，不能简单的相互套用。

3. 协调性

建筑产品生产的连续性及分工性决定了职业健康安全与环境管理的协调性。在建筑施工过程中，工程项目的生产涉及的内部专业多、外界单位广、综合性强，使施工生产的自由性、预见性、可控性及协调性在一定程度上比一般产业困难。这就要求施工方做到各专业之间、单位之间互相配合，要注意施工过程中的材料交接、专业接口部分对职业健康安全与环境管理的协调性。

4. 不符合性

不符合性是由产品的委托性决定的。建筑产品在建造前就确定了买主，按建设单位特定的要求委托建造。但是在建设工程市场供大于求的情况下，业主经常会压低标价，造成施工或生产单位对职业健康安全与环境管理的投资力度不够，不符合职业健康安全与环境管理的有关规定。

5. 持续性

建筑产品生产的连续性，决定了职业健康安全与环境管理的持续性。一个建设工程项目从立项到投产要经历设计准备、设计、施工、使用准备和保修五个阶段，如果其中一个阶段不重视项目的安全与环境问题，都会对工程的进度及投资造成很大的影响。

6. 经济性

建设工程产品是时代政治、经济、文化、风俗的历史记录，建设工程产品是否适应可持续发展的要求，关系到环境的可持续发展。产品的时代性和社会性决定了职业健康安全与环境管理的经济性。

四、职业健康安全与环境管理体系的基本框架

1. 职业健康安全管理体系

职业健康安全管理体系是组织(或企业)全部管理体系中专门管理健康安全工作的部分，它包括为制订、实施、实现、评审和保持职业健康安全方针所需的组织结构、策划活动、职责、惯例、程序过程和资源。职业健康安全管理体系实施的目的是辨别组织(或企

业）内部存在的危险源，控制其所带来的风险，从而避免或减少事故的发生。

职业健康安全管理体系最早由国际化组织（ISO）第207技术委员会于1994年5月在澳大利亚全会上提出，后考虑到各国的法律、情况不一致，决定暂时不制作统一的国际标准。同时，由于各国安全事故的频繁发生，以及国际贸易合作的日益广泛，由世界各国以及国际间合作制定的标准相继产生，其中最有影响力的是英国标准化协会（BSI）等组织参照ISO 9000和ISO 14000模式制定的职业健康安全评价体系OHSAS（Occupational Health and Safety Assessment Series）18000标准。我国作为加入WTO组织的国家，对职业健康安全标准也十分重视。2001年，中国标准化委员会发布了《职业健康安全管理体系—规范》（GB/T 28001—2001），2002年又发布了《职业健康安全管理体系指南》（GB/T 28002—2002），标准覆盖了OHSAS 18001—1999和OHSAS 18008—2000的所有技术内容。在GB/T 28001中，职业健康安全管理体系运行模式包括五个环节：职业健康安全方针、策划、实施和运行、检查和纠正措施、管理评审，其总体结构及内容见表6-1。

职业健康安全管理体系—规范（GB/T 28001—2001）的总体结构及内容　　表6-1

项次	体系规范的总体结构	基本要求和内容
1	范围	本标准提出了对职业健康安全管理体系的要求，适用于任何有愿望建立职业健康安全管理体系的组织
2	规范性引用文件	GB/T 19000—2000 质量管理体系基础和术语（idtISO 19000—2000）
3	术语和定义	共有17项术语和定义
4	职业健康安全管理体系要素	
4.1	总要求	组织应建立并保持职业健康安全管理体系
4.2	职业健康安全方针	组织应有一个经最高管理者批准的职业健康安全方针，该方针应清楚阐明职业健康安全总目标和改进职业健康安全绩效的承诺
4.3	策划	4.3.1 对危险源识别、风险评价和风险控制的策划 4.3.2 法规和其他要求 4.3.3 目标 4.3.4 职业健康安全管理方案
4.4	实施与运行	4.4.1 结构和职责 4.4.2 培训、意识和能力 4.4.3 协商和沟通 4.4.4 文件 4.4.5 文件和资料控制 4.4.6 运行控制 4.4.7 应急准备和响应
4.5	检查和纠正措施	4.5.1 绩效测量和监视 4.5.2 事故、事件、不符合，纠正和预防措施 4.5.3 记录和记录管理 4.5.4 审核
4.6	管理评审	组织的最高管理者应按规定的时间间隔对职业健康安全管理体系进行评审，以确保体系的持续适宜性、充分性和有效性。管理评审应根据职业健康安全管理体系审核的结果、环境的变化和对持续改进的承诺，指出可能需要修改的职业健康安全管理体系方针、目标和其他要素

2. 环境管理体系

环境管理体系同职业健康安全管理体系一样，也是整个管理体系的一个组成部分，包括为制订、实施、实现、评审和保持环境方针所需的组织结构、策划活动、职责、惯例、程序过程和资源。

随着科学技术的发展，在社会经济繁荣的同时带来了环境问题。为保护人类的生活居住环境，联合国于1972年6月发表了《人类环境宣言》，提出了环境保护的问题和可持续发展的战略思想，接着，在1993年国际标准化组织成立了环境管理技术委员会，并于1996年推出了ISO 14001《环境管理体系规范及使用指南》，之后又公布了若干标准形成了目前世界范围内广泛使用的管理体系。同年，我国将其等同转换为《环境管理体系规范及使用指南》GB/T 24000系列国家标准。GB/T 24001的总体结构及内容见表6-2。

环境管理体系 GB/T 24001 的总体结构及内容 **表 6-2**

项次	体系标准的总体结构	基本要求和内容
1	范围	本标准适用于任何有愿望建立环境管理体系的组织
2	引用标准	目前尚无引用标准
3	定义	共有13项定义
4	环境管理体系要求	
4.1	总要求	组织应建立并保持环境管理体系
4.2	环境方针	最高管理者应制定本组织的环境方针
4.3	规划(策划)	4.3.1 环境因素 4.3.2 法律与其他要求 4.3.3 目标与指标 4.3.4 环境管理方案
4.4	实施与运行	4.4.1 组织结构和职责 4.4.2 培训、意识和能力 4.4.3 信息交流 4.4.4 环境管理体系文件 4.4.5 文件控制 4.4.6 运行控制 4.4.7 应急准备和响应
4.5	检查和纠正措施	4.5.1 监测和测量 4.5.2 不符合，纠正与预防措施 4.5.3 记录 4.5.4 环境管理体系审核
4.6	管理评审	组织的最高管理者应按其规定的时间间隔，对环境管理体系进行评审，以确保体系的持续适用性、充分性和有效性。其内容包括：审核结果；目标和指标的实现程度；面对变化的条件与信息，环境管理体系是否具有持续的适用性；相关方关注的问题

第二节 建设工程安全生产管理

在我国，安全生产是一项基本国策，我国的安全生产包括了职业健康的内容。也就是说，我国通常将职业健康安全管理称为安全生产管理。具体地讲，安全生产管理就是指组织(或企业)的经营管理者策划、组织、指挥、协调、控制和改进安全生产工作的一系列活动。我国的安全生产方针是"安全生产，预防为主"，另外还提出了"三同时"的原则，即凡是我国境内新建、改建、扩建的基本建设项目(工程)，技术改建项目(工程)和引进的建设项目，其安全生产设施必须符合国家规定的标准，必须与主体工程同时设计、同时施工、同时投入生产和使用。

一、安全控制概述

1. 影响安全生产的因素

影响安全生产的主要风险因素有：

(1) 物的不安全状态。物的不安全状态主要表现为设备和装置的缺陷、作业场所的缺陷、物质和环境中有危险源存在。

(2) 人的不安全状态。人的不安全状态主要表现为身体有缺陷、发生了错误行为以及违纪违章三个方面。

(3) 环境因素和管理缺陷等。除了人和物两者的不安全因素外，二者的组合也是产生安全事故的另一类主要因素。要使二者相互协调，如适宜的环境温度、色彩鲜艳的危险标志等管理措施也是确保安全生产的重要措施。

2. 安全控制的目标

安全控制是安全管理的一部分。建设工程安全控制的总体目标是贯彻执行建设工程安全法规及标准，正确选用安全技术及采用科学管理的方法，实现工程项目预期的安全方针及目标。由于施工现场中直接从事生产作业的人员密集，机料集中，存在着多种危险因素。因此，控制人的不安全行为和物的不安全状态，加强管理措施是施工现场安全控制的重点，也是预防和避免伤害事故，保证生产处于最佳状态的根本环节。

3. 施工安全控制的特点

(1) 控制面广

由于建设工程规模较大，生产工艺复杂、工序多，在建造过程中流动作业多，高处作业多，作业位置多变，遇到的不确定因素多，安全控制工作涉及范围大，控制面广。

(2) 控制的动态性

由于建设工程项目的单件性，施工活动的连续性及施工位置的分散性，使得每项工程所处的条件和环境不同，所面临的危险因素和防范措施会随时改变，因此安全控制的手段和方法也会发生变化。

(3) 控制系统交叉性

建设工程项目是开放系统，受自然环境和社会环境影响很大，安全控制需要把工程系统和环境系统及社会系统结合。

(4) 控制的严谨性

由于建设工程施工属于高风险行业，伤亡事故多，并具有突发性，所以预防控制措施必须严谨，一旦失控，就会造成严重损失和伤害。

4. 施工安全控制程序

建设工程项目施工安全控制的程序如图 6-1 所示。

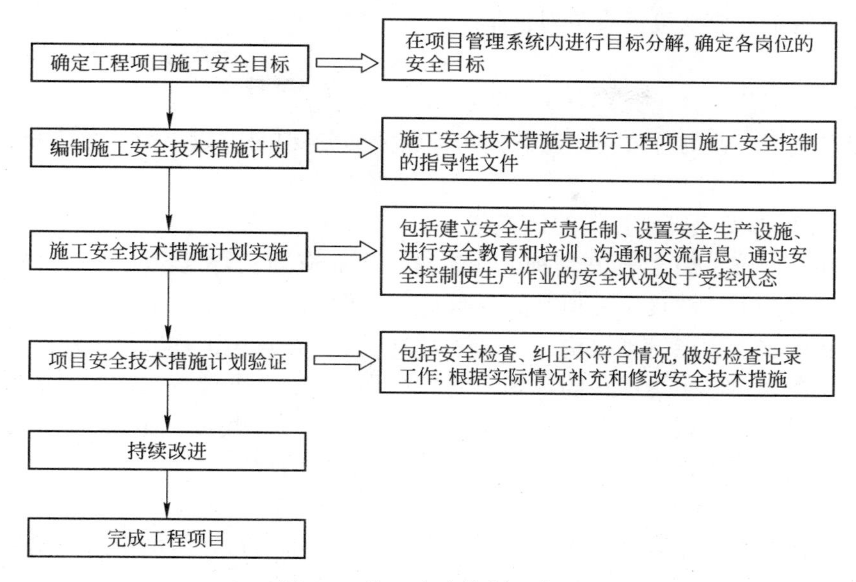

图 6-1 施工安全控制程序图

5. 施工安全控制的基本要求

(1) 施工方必须取得安全行政主管部门颁发的《安全施工许可证》后才可施工。

(2) 总承包单位和每一个分包单位都应经过安全资格审查认可。

(3) 各类作业人员和管理人员必须具备相应的执业资格才能上岗。

(4) 所有新员工必须经过三级安全教育，即进厂、进车间和进班组的安全教育。

(5) 特殊工种作业人员必须持有特种作业操作证，并严格按规定定期进行复查。

(6) 对查出的安全隐患要做到"五定"，即：定整改责任人、定整改措施、定整改完成时间、定整改完成人、定整改验收人。

(7) 必须把好安全生产"六关"，即：措施关、交底关、教育关、防护关、检查关、改进关。

(8) 施工现场安全设施齐全，并符合国家及地方有关规定。

(9) 施工机械(特别是现场安设的起重设备等) 必须经安全检查合格后方可使用。

(10) 保证安全技术措施费用的落实，不得挪作他用。

二、施工安全管理机构的设立

1. 公司安全管理机构的设置

根据中华人民共和国住房和城乡建设部 2008 年 5 月 13 日《关于印发〈建筑施工企业安全生产管理机构设置及专职安全生产管理人员配备办法〉的通知》(建质［2008］91 号)，建筑施工企业应当依法设置安全生产管理机构，在企业主要负责人的领导下开展本企业的安全生产管理工作。建筑施工企业安全生产管理机构专职安全生产管理人员的配备应满足下列要求，并应根据企业经营规模、设备管理和生产需要予以增加：

(1) 建筑施工总承包资质序列企业：特级资质不少于 6 人；一级资质不少于 4 人；二级和二级以下资质企业不少于 3 人。

（2）建筑施工专业承包资质序列企业：一级资质不少于3人；二级和二级以下资质企业不少于2人。

（3）建筑施工劳务分包资质序列企业：不少于2人。

（4）建筑施工企业的分公司、区域公司等较大的分支机构（以下简称分支机构）应依据实际生产情况配备不少于2人的专职安全生产管理人员。

2. 项目经理部安全管理机构的设置

根据建质［2008］91号通知精神，建筑施工企业应当实行建设工程项目专职安全生产管理人员委派制度。建设工程项目的专职安全生产管理人员应当定期将项目安全生产管理情况报告企业安全生产管理机构。建筑施工企业应当在建设工程项目组建安全生产领导小组。建设工程实行施工总承包的，安全生产领导小组由总承包企业、专业承包企业和劳务分包企业项目经理、技术负责人和专职安全生产管理人员组成。对于总包、分包单位配备项目专职安全生产管理人员要求在通知中也都有相应的规定。

3. 施工班组安全管理

对于施工班组的安全管理工作，可以设置兼职安全巡查员，协助班组长搞好班组的安全生产管理。班组要坚持班前班后岗位安全检查、安全值日和安全日活动制度，并要认真做好班组的安全记录。施工作业班组的建筑施工企业应当定期对兼职安全巡查员进行安全教育培训。

三、施工安全技术措施计划的制订及实施

为了安全生产、保障工人的健康和安全，必须加强安全技术组织措施管理，制订施工安全技术措施计划。施工安全技术措施计划在项目开工前编制，经项目经理批准后实施。

1. 施工安全技术措施计划的主要内容

（1）工程概况。包括项目的任务、范围、地理位置、职业安全卫生状况，以及存在的主要的不安全因素等。

（2）安全目标。安全目标是实施建设施工安全管理所要达到的各项具体指标，是安全管理和控制的努力方向。内容一般包括：杜绝重大伤亡、设备、管线、火灾和环境污染事故、一般事故频率控制目标、社会要求的承诺等。

（3）控制程序。主要应明确安全管理及控制的工作过程和安全事故处理过程。

（4）组织机构。包括安全组织机构的形式和组成。

（5）职责权限。根据组织机构状况明确各层组织机构、各级人员的责任和权限，责任到人。

（6）规章制度。包括安全生产责任制、安全教育制度、安全检查制度等规章制度的建立，及应遵循的法律法规等。

（7）资源配置。根据项目的具体情况，列出安全管理和控制所必需的设施设备等要求和具体的配置方案。

（8）安全措施。对于确定的不安全因素确定相应安全措施。

（9）检查评价。明确检查评价方法和评价标准。

（10）奖惩制度。明确具体的奖惩标准。

2. 施工安全技术措施的主要内容

建设工程结构复杂多变，工程施工专业及工程很多，安全技术措施内容非常广泛。但

可将其归结为按施工准备阶段和施工阶段进行编写，其内容见表 6-3 和表 6-4。

施工准备阶段安全技术措施表 **表 6-3**

准备类型	内容
技术准备	1. 了解工程设计对安全施工的要求 2. 调查工程的自然环境(水文、地质、气候、洪水、雷击等)和施工环境(粉尘、噪声、地下设施管道和电缆的分布、走向等)对施工安全及施工对周围环境安全的影响 3. 改扩建工程施工与建设单位使用、生产发生交叉，可能造成双方伤害时，双方应签订安全施工协议，搞好施工与生产的协调，明确双方责任，共同遵守安全事项 4. 在施工组织设计中，编制切实可行、行之有效的安全技术措施，并严格履行审批手续，送安全部门备案
物资准备	1. 及时供应质量合格的安全防护用品(安全帽、安全带、安全网等)，并满足施工需要 2. 保证特殊工种(电工、焊工、爆破工、起重工等)使用工具、器械质量合格，技术性能良好 3. 施工机具、设备(起重机、卷扬机、电锯、平面刨、电气设备等)、车辆等，须经安全技术性能检测，鉴定合格，防护装置齐全，制动装置可靠，方可进厂使用 4. 施工周转材料(脚手杆、扣件、跳板等)须经认真挑选，不符合安全要求禁止使用
施工现场准备	1. 按施工总平面图要求做好现场施工准备 2. 现场各种临时设施、库房，特别是炸药库、油库的布置，易燃易爆品存放都必须符合安全规定和消防要求，须经公安消防部门批准 3. 电气线路、配电设备符合安全要求。有安全用电防护措施 4. 场内道路通畅，设交通标志，危险地带设危险信号及禁止通行标志，保证行人、车辆通行安全 5. 现场周围和陡坡、沟坑处设围栏、防护板，现场入口处设“无关人员禁止入内”的警示标志 6. 塔吊等起重设备安置要与输电线路、永久或临设工程间有足够的安全距离，避免碰撞，以保证搭设脚手架、安全网的施工距离 7. 现场设消火栓。有足够的有效的灭火器材、设施
施工队伍准备	1. 总包单位及分包单位都应持有《施工企业安全资格审查认可证》方可组织施工 2. 新工人、特殊工种工人须经岗位技术培训、安全教育后，持合格证上岗 3. 高险难作业工人须经身体检查合格，具有安全生产资格，方可施工作业 4. 特殊厂种作业人员，必须持有《特种作业操作证》方可上岗

施工阶段安全技术措施 **表 6-4**

工程类型	内容
一般工程	1. 单项工程、单位工程均有安全技术措施，分部分项工程有安全技术具体措施，施工前由技术负责人向参加施工的有关人员进行安全技术交底，并应逐级签发和保存“安全交底任务单” 2. 安全技术应与施工生产技术统一，各项安全技术措施必须在相应的工序施工前落实好。如： (1) 根据基坑、基槽、地下室开挖深度、土质类别，选择开挖方法，确定边坡的坡度和采取防止塌方的护坡支撑方案 (2) 脚手架、吊篮等选用及设计搭设方案和安全防护措施 (3) 高处作业的上下安全通道 (4) 安全网(平网、立网)的架设要求，范围(保护区域)、架设层次、段落 (5) 对施工电梯、井架(龙门架)等垂直运输设备的位置、搭设要求，稳定性、安全装置等要求 (6) 施工洞口的防护方法和主体交叉施工作业区的隔离措施 (7) 场内运输道路及人行通道的布置 (8) 在建工程与周围人行通道及民房的防护隔离措施 3. 操作者严格遵守相应的操作规程，实行标准化作业 4. 针对采用的新工艺、新技术、新设备、新结构制订专门的施工安全技术措施 5. 在明火作业现场(焊接、切割、熬沥青等)有防火、防爆措施 6. 考虑不同季节的气候对施工生产带来的不安全因素可能造成的各种突发性事故，从防护上、技术上、管理上有预防自然灾害的专门安全技术措施 (1) 夏季进行作业，应有防暑降温措施 (2) 雨期进行作业，应有防触电、防雷、防沉陷坍塌、防台风和防洪排水等措施 (3) 冬期进行作业，应有防风、防火、防冻、防滑和防煤气中毒等措施

续表

工程类型	内　容
特殊工程	1. 对于结构复杂、危险性大的特殊工程，应编制单项的安全技术措施，如爆破、大型吊装、沉箱、沉井、烟囱、水塔、特殊架设作业、高层脚手架、井架等 2. 安全技术措施中应注明设计依据，并附有计算、详图和文字说明
拆除工程	1. 详细调查拆除工程的结构特点、结构强度、电线线路、管道设施等现状，制订可靠的安全技术方案 2. 拆除建筑物、构筑物之前，在工程周围划定危险警戒区域，设立安全围栏，禁止无关人员进入作业现场 3. 拆除：工作开始前，先切断被拆除建筑物、构筑物的电线、供水、供热、供燃气的通道 4. 拆除工作应自上而下顺序进行，禁止数层同时拆除，必要时要对底层或下部结构进行加固 5. 栏杆、楼梯、平台应与主体拆除程度配合进行，不能先行拆除 6. 拆除作业工人应站在脚手架或稳固的结构部分上操作，拆除承重梁、柱之前应拆除其承重的全部结构，并防止其他部分坍塌 7. 拆下的材料要及时清理运走，不得在旧楼板上集中堆放，以免超负荷 8. 拆除建筑物、构筑物内需要保留的部分或设备，要事先搭好防护棚 9. 一般不采用推倒方法拆除建筑物，必须采用推倒方法时，应采取特殊安全措施

3. 施工安全技术措施的实施

(1) 建立安全生产责任制

安全生产责任制是最基本的安全管理制度，是所有安全生产管理制度的核心。建设工程的安全生产责任制是企业对项目经理部各级领导、各个部门、各类人员所规定的在其职责范围内对安全生产应负责任的制度。

1) 安全生产领导小组的主要职责：

① 贯彻落实国家有关安全生产法律法规和标准；

② 组织制订项目安全生产管理制度并监督实施；

③ 编制项目生产安全事故应急救援预案并组织演练；

④ 保证项目安全生产费用的有效使用；

⑤ 组织编制危险性较大工程安全专项施工方案；

⑥ 开展项目安全教育培训；

⑦ 组织实施项目安全检查和隐患排查；

⑧ 建立项目安全生产管理档案；

⑨ 及时、如实报告安全生产事故。

2) 项目专职安全生产管理人员具有以下主要职责：

① 负责施工现场安全生产日常检查并做好检查记录；

② 现场监督危险性较大工程安全专项施工方案实施情况；

③ 对作业人员违规违章行为有权予以纠正或查处；

④ 对施工现场存在的安全隐患有权责令立即整改；

⑤ 对于发现的重大安全隐患，有权向企业安全生产管理机构报告；

⑥ 依法报告生产安全事故情况。

(2) 进行安全教育和培训

根据原劳动部《企业职工劳动安全卫生教育管理规定》(劳部发［1995］405号)和建设部《建筑企业职工安全培训教育暂行规定》的有关条文，企业安全教育一般包括对管理人员、特种作业人员和企业员工的安全教育。其中，特种作业是指对操作者本人，尤其对他人或周围设施的安全有重大危害因素的作业，如电工作业、压力容器操作、金属焊接(气割)作业、建筑登高架设作业等等。

1）管理人员的安全教育

对管理人员的安全教育，包括对企业领导、项目经理、技术负责人、技术干部、安全管理人员、班组长及安全员的教育。其中对项目经理、技术负责人和技术干部教育的主要内容包括：

① 安全生产方针、政策和法律、法规；

② 项目经理部安全生产责任；

③ 典型事故案例剖析；

④ 本系统安全及相应的安全技术知识。

2）特种作业人员的安全教育

由于特种作业较一般作业的危险性更大，所以特种作业人员必须经过安全培训和严格考核。特种作业人上岗作业前，必须进行专门的安全技术和操作技能的培训教育；培训后，经考核合格才能取得操作证，并准许独立作业；取得操作证的特种作业人员，必须定期复审。

3）企业员工的安全教育

企业员工的安全教育主要有新员工上岗前的三级安全教育、改变工艺和变换岗位安全教育、经常性安全教育三种形式。对建设工程来说，新员工上岗前的三级教育通常是指企业(或公司)、项目、班组三级教育；经常性安全教育是指每天的班前班后会上说明安全注意事项、安全活动日、安全生产会议、事故现场会、安全生产宣传标语及标志等。

(3) 安全技术交底

施工安全技术交底是指在建设工程施工前，项目部的技术人员向施工班组和作业人员进行有关工程安全施工的详细说明，并由双方签字确认。安全技术交底的主要内容包括：

1）建设工程项目、单项工程和分部分项工程的概况、施工特点和施工安全要求。

2）确保施工安全的关键环节、危险部位、安全控制点及采取相应的技术、安全和管理措施。

3）做好“四口”、“五临边”的防护设施，其中“四口”为通道口、楼梯口、电梯井口、预留洞口；“五临边”为未安栏杆的阳台周边、无外架防护的屋面周边、框架工程的楼层周边、卸料平台的外侧边及上下跑道、斜道的两侧边。

4）项目管理人员应做好的安全管理事项和作业人员应注意的安全防范事项。

5）各级管理人员应遵守的安全标准和安全操作规程的规定及注意事项。

6）安全检查要求，注意及时发现和消除的安全隐患。

7）对于出现异常征兆、事态或发生事故的应急救援措施。

8）对于安全技术交底未尽的其他事项的要求(即应按哪些标准、规定和制度执行)。

四、施工安全检查

安全检查是清除隐患、防止事故、改善劳动条件的重要手段，是企业安全生产管理工作的一项重要内容。通过安全检查可以发现企业及生产过程中的不安全状态行为和状态，有针对性地采取措施，保证安全生产。

1. 安全检查的方式

安全检查的方式通常包括经常性安全检查、定期和不定期安全检查、专业性安全检查、重点抽查、季节性安全检查、节假日前后安全检查、班组的自查、交接检查等方式。

2. 安全检查的内容

安全检查的主要内容是查思想、查管理、查隐患、查整改、查事故处理等内容，并以生产过程中的劳动条件、生产设备以及相应的安全卫生设施和员工的操作行为为重点，发现危及人的安全因素时，必须立即整改。

五、安全事故分类及处理

职业健康安全事故分两大类型，即职业伤害事故与职业病。

职业伤害事故是指因生产过程及工作原因或与其相关的其他原因造成的伤亡事故。

职业病是指经诊断确定因从事接触有毒有害物质或不良环境的工作而造成的急慢性疾病。如接触性皮炎、职业性白内障、棉尘病、煤矿井下工人滑囊炎等。

1. 安全事故分类

(1) 按照事故发生的原因分类

按照我国《企业职工伤亡事故分类标准》(GB 6441—1986)标准规定，职业伤害事故分为20类，其中与建筑业有关的有12类。主要有物体打击、车辆伤害、机械伤害、起重伤害、触电、灼烫、火灾、高处坠落、坍塌、火药爆炸、中毒、窒息和其他伤害等。

(2) 按事故后果严重程度分类

① 轻伤事故：造成职工肢体或某些器官功能性或器质性轻度损伤，表现为劳动能力轻度或暂时丧失的伤害，一般每个受伤人员休息1个工作日以上，105个工作日以下。

② 重伤事故：一般指受伤人员肢体残缺或视觉、听觉等器官受到严重损伤，能引起人体长期存在功能障碍或劳动能力有重大损失的伤害，或者造成每个受伤人损失105个工作日以上的失能伤害。

③ 死亡事故：一次事故中死亡职工1～2人的事故。

④ 重大伤亡事故：一次事故中死亡3人以上(含3人)的事故。

⑤ 特大伤亡事故：一次死亡10人以上(含10人)的事故。

⑥ 特别重大伤亡事故：按照原劳动部对国务院第34号令《特别重大事故调查程序暂行规定》有关条文解释为：凡符合下列情况之一都即为特别重大伤亡事故：

民航客机发生的机毁人亡(死亡四十人及其以上)。

专机和外国民航客机在中国境内发生的机毁人亡事故。

铁路、水运、矿山、水利、电力事故造成一次死亡五十人及其以上，或者一次造成直接经济损失一千万元及其以上的。

公路和其他发生一次死亡三十人及其以上或直接经济损失在五百万元及其以上的事故(航空、航天器科研过程中发生的事故除外)。

一次造成职工或居民一百人及其以上的急性中毒事故。

其他性质特别严重产生重大影响的事故。

2. 安全事故处理

(1) 安全事故处理的原则(四不放过的原则)

1) 事故原因分析不清不放过。

2) 事故责任者和员工没有受到教育不放过。

3) 事故隐患不整改不放过。

4) 事故责任人不处理不放过。

(2) 安全事故处理程序

1) 安全事故报告

安全事故发生后，受伤者或事故现场有关人员应立即直接或间将报告企业负责人，将发生事故的时间、地点、伤亡人数、事故原因等情况上报至企业安全主管部门。企业安全主管部门视事故造成的伤亡人数或直接经济损失情况，按规定向政府主管部门报告。发生死亡、重大死亡事故的企业应当保护事故现场，并迅速采取必要措施抢救人员和财产，防止事故扩大。

2) 安全事故调查

按照发生事故严重程度的不同，组织不同级别的事故调查组。对于轻伤、重伤事故，由企业负责人或其指定人员组织技术、安全、质量等部门的人员，会同企业工会代表组成调查组，开展调查。调查组应把事故发生的经过、原因、性质、损失责任、处理意见、纠正和预防措施撰写成调查报告，并经调查组全体人员签字确认后报企业安全主管部门。

3) 安全事故处理

事故调查组提出的事故处理意见和防范措施建议，由发生事故的企业及其主管部门负责处理。

第三节 建设工程环境管理

建设工程是人类社会发展过程中一项规模浩大、旷日持久的生产活动。在建筑产品的生产制造过程中，不仅大量地消耗了自然资源，还不可避免地对环境造成了污染和损害。中国建筑行业在环境方面存在的矛盾和问题更为突出，据有关资料统计，中国单位建筑面积能源消耗量是世界发达国家的2～3倍，能源负担沉重和环境污染严重，建筑环境保护问题已成为制约中国可持续发展的突出问题。

一、环境保护

1. 环境保护的目的、原则和内容

(1) 环境保护的目的

1) 保护和改善环境质量，从而保护人们的身心健康，防止环境破坏对人类的生存造成威胁。

2) 合理开发和利用自然资源，减少或消除有害物质进入环境，加强生物多样性的保护，维护生物资源的生产能力，使之得以恢复。

(2) 环境保护的基本原则

1) 经济建设与环境保护协调发展的原则；

2) 预防为主、防治结合、综合治理的原则；

3）全面规划、合理布局的原则；

4）谁污染谁治理、谁开发谁保护的原则；

5）政府对环境质量负责的原则；

6）依靠群众保护环境的原则。

(3) 环境保护的主要内容

1）预防和治理由生产和生活活动所引起的环境污染；

2）防止由建设和开发活动引起的环境破坏；

3）保护有特殊价值的自然环境；

4）其他。如城乡规划，控制水土流失和沙漠化、植树造林、控制人口的增长和分布、合理配置生产力等。

2. 环境因素的影响

通常建设工程施工现场的环境因素对环境影响的类型，见表6-5。

环境因素的影响　　表6-5

序号	环境因素	产生的地点、工序和部位	环境影响
1	噪声的排放	施工机械、运输设备、电动工具运行中	影响人体健康、居民休息
2	粉尘的排放	施工场地平修、土堆、砂堆、石灰、现场路面、进出车辆车轮带泥沙、水泥搬运、混凝土搅拌、木工房锯末、喷砂、除锈、衬里	污染大气、影响居民身体健康
3	运输的遗洒	现场渣土、商品混凝土、生活垃圾、原材料运输当中	污染路面、影响居民生活
4	化学危险品、油品的泄漏或挥发	试验室、油漆库、油库、化学材料库及其作业面	污染土地和人员健康
5	有毒有害废弃物排放	施工现场、办公区、生活区废弃物	污染土地、水体、大气
6	生产、生活污水的排放	现场搅拌站、厕所、现场洗车处、生活区服务设施、食堂等	污染水体
7	生产用水、用电的消耗	现场、办公室、生活区	资源浪费
8	办公用纸的消耗	办公室、现场	资源浪费
9	光污染	现场焊接、切割作业中、夜间照明	影响居民生活、休息和邻近人员健康
10	离子辐射	放射源储存、运输、使用中	严重危害居民、人员健康
11	混凝土防冻剂（氨味）的排放	混凝土使用当中	影响健康
12	混凝土搅拌站噪声、粉尘、运输遗洒污染	混凝土搅拌站	严重影响了周围居民生活、休息

3. 施工现场环境保护的有关规定

(1) 工程的施工组织设计中应有防治扬尘、噪声、固体废弃物和废水等的有效措施，并在施工作业中认真组织实施。

(2) 施工现场应建立环境保护管理体系，责任落实到人，并保证有效运行。

(3) 对施工现场防治扬尘、噪声、水污染及环境保护管理工作进行检查。

(4) 定期对职工进行环保法规知识培训考核。

4. 建设工程环境保护措施

根据中华人民共和国建设部第 15 号令《建设工程施工现场管理规定》，施工单位应遵守国家有关环境保护的法律规定，采取有效措施控制施工现场的各种粉尘、废气、废水、固体废物以及噪声、振动等对环境的污染和危害。施工单位应当采取下列防止环境污染的措施：

(1) 妥善处理泥浆水，未经处理不得直接排入城市排水设施和河流；

(2) 除设有符合规定的装置外，不得在施工现场熔融沥青或者焚烧油毡、油漆以及其他会产生有毒有害烟尘和恶臭气体的物质；

(3) 使用密封式的圆筒或者采取其他措施处理高空废弃物；

(4) 采取有效措施控制施工过程中的扬尘；

(5) 禁止将有毒有害废弃物用作土方回填；

(6) 对产生噪声、振动的施工机械，应采取有效控制措施，减轻噪声扰民。

建设工程施工由于受技术、经济条件限制，对环境的污染不能控制在规定范围内的，建设单位应当会同施工单位事先报请当地人民政府建设行政主管部门和环境行政主管部门批准。

具体的施工现场环境保护的措施见表 6-6。

施工现场环境保护措施 **表 6-6**

<table>
<tr><th>治理项目</th><th colspan="2">具体措施</th></tr>
<tr><td>大气污染</td><td colspan="2">1. 大气污染物：气体状态污染物、粒子状态污染物
2. 防治措施：严格控制施工现场和施工运输过程中的降尘和飘尘；严格控制有毒有害气体的产生和排放；所有机动车的尾气排放应符合国家现行标准</td></tr>
<tr><td>水污染</td><td colspan="2">1. 水体污染源：工业污染源、生活污染源、农业污染源
2. 水体主要污染物：各种有机和无机有毒物质以及热温等
3. 防治措施：控制污水的排放；改革施工工艺，减少污水的产生；综合利用废水</td></tr>
<tr><td rowspan="2">噪声</td><td>1. 噪声分类</td><td>按振动性质：气体动力噪声、机械噪声、电磁性噪声
按来源：交通噪声、工业噪声、建筑施工噪声、社会生活噪声</td></tr>
<tr><td>2. 控制措施</td><td>声音控制：从声源上降低噪声，这是最根本的措施
传播途径的控制：吸声、隔声、消声、减振降噪
接收者的防护：使用防护用品</td></tr>
<tr><td>固体废物</td><td colspan="2">1. 施工现场常见固体废物：建筑渣土，废弃的散装建筑材料，生活垃圾，设备、材料等的包装材料，粪便
2. 处理：物理处理、化学处理、生物处理、热处理、固化处理、回收利用
3. 处置：土地填埋、焚烧、贮留池贮存</td></tr>
</table>

二、文明施工管理

1. 文明施工的概念

文明施工是保持施工现场良好的作业环境、卫生环境、工作秩序的一种施工活动。

2. 文明施工的工作内容

(1) 规范施工现场的场容场貌，保持作业环境的清洁卫生；

(2) 科学组织施工，使生产有序进行；

(3) 减少施工对周围居民和环境的影响；

(4) 遵守施工现场文明施工的规定和要求，保证职工的安全和身体健康。

3. 文明施工的组织与管理

施工现场应成立以项目经理为第一责任人的文明施工管理组织，实行主管挂帅、系统把关、普遍检查、建章建制、责任到人、落实整改、严明检惩的组织管理制度。分包单位应服从总包单位的文明施工管理组织的统一管理，并接受监督检查。

4. 文明施工的文件和资料保存

(1) 上级关于文明施工的标准、规定、法律法规等资料；

(2) 事故组织设计(方案)中对文明施工的管理规定，各阶段施工现场文明施工的措施；

(3) 文明施工自检资料；

(4) 文明施工教育、培训、考核计划的资料；

(5) 文明施工活动各项记录资料。

5. 现场文明施工的基本要求

施工单位应当按照施工总平面布置图设置各项临时设施。堆放大宗材料、成品、半成品和机具设备，不得侵占场内道路及安全防护等设施。

建设工程实行总包和分包的，分包单位确需进行改变施工总平面布置图活动的，应当先向总包单位提出申请，经总包单位同意后方可实施。

施工现场必须设置明显的标牌，标明工程项目名称、建设单位、设计单位、施工单位、项目经理和施工现场总代表人的姓名、开、竣工日期、施工许可证批准文号等。施工单位负责施工现场标牌的保护工作。

施工现场的主要管理人员在施工现场应当佩戴证明其身份的证卡。

施工现场的用电线路、用电设施的安装和使用必须符合安装规范和安全操作规程，并按照施工组织设计进行架设，严禁任意拉线接电。施工现场必须设有保证施工安全要求的夜间照明；危险潮湿场所的照明以及手持照明灯具，必须采用符合安全要求的电压。

施工机械应当按照施工总平面布置图规定的位置和线路设置，不得任意侵占场内道路。施工机械进场的须经过安全检查，经检查合格的方能使用。施工机械操作人员必须建立机组责任制，并依照有关规定持证上岗，禁止无证人员操作。

施工单位应该保证施工现场道路畅通，排水系统处于良好的使用状态；保持场容场貌的整洁，随时清理建筑垃圾。在车辆、行人通行的地方施工，应当设置沟井坎穴覆盖物和施工标志。

施工单位必须执行国家有关安全生产和劳动保护的法规，建立安全生产责任制，加强规范化管理，进行安全交底、安全教育和安全宣传，严格执行安全技术方案。施工现场的各种安全设施和劳动保护器具，必须定期进行检查和维护，及时消除隐患，保证其安全有效。

施工现场应当设置各类必要的职工生活设施，并符合卫生、通风、照明等要求。职工的膳食、饮水供应等应当符合卫生要求。

建设单位或者施工单位应当做好施工现场安全保卫工作，采取必要的防盗措施，在现场周边设立围护设施。施工现场在市区的，周围应当设置遮挡围栏，临街的脚手架也应当设置相应的围护设施。非施工人员不得擅自进入施工现场。

施工单位应当严格依照《中华人民共和国消防条例》的规定，在施工现场建立和执行防火管理制度，设置符合消防要求的消防设施，并保持完好的备用状态。在容易发生火灾的地区施工或者储存、使用易燃易爆器材时，施工单位应当采取特殊的消防安全措施。

施工现场发生的工程建设重大事故的处理，依照《工程建设重大事故报告和调查程序规定》执行。

第七章　建设工程信息管理

第一节　信 息 管 理 概 述

一、信息管理的概念

信息是指可以用语言、文字、数据、图表、图形或其他可以让使用者识别的信号来表示的，并可以进行传递、处理及应用的对象。信息与决策密切相关，信息通过决策体现其自身的价值，正确的决策必须依靠足够的可靠信息。

信息管理是指对信息的收集、整理、处理、储存、传递与应用等一系列工作的总称。也即是把信息作为管理对象进行管理。信息管理的目的就是根据信息的特点，有计划地组织信息沟通，以保持决策者能及时、准确地获得相应的信息。

二、工程项目信息的特点、原则

1. 工程项目信息管理的特点

(1) 信息量大

这是因为项目管理涉及多部门、多环节、多专业、多用途和多渠道、多形式的缘故。

(2) 系统性强

由于工程项目的单件性和一次性，虽然信息量大，但却都集中于所管理的项目对象，所以容易系统化，这就为信息系统的建立和应用创造了非常有利的条件。

(3) 传递中障碍多

项目管理从发送到接收的过程中，往往由于传递者主观方面的因素，对信息的理解能力、经验、知识的限制而发生障碍；也往往因为地区的间隔、部门的分散、专业的隔阂等而造成信息传递障碍；还往往因为传递手段落后或使用不当而造成传递障碍。

(4) 易产生滞后现象

信息是在项目建设和管理的过程中产生的，信息反馈一般要经过加工整理、传递，然后到达决策者手中，故往往迟于物流。反馈不及时，容易影响信息作用的及时发挥而造成失误。

2. 工程项目信息管理的原则

由于工程项目产生的信息数量巨大，种类繁多。为便于信息的管理，在实践中应遵循以下原则：

(1) 标准化原则。即对有关信息的分类进行统一，对信息流程进行规范，建立健全的信息管理制度，做到信息的标准化。

(2) 有效性原则。信息管理人员应针对不同层次管理者的要求进行适当加工，最终能直观、精练的表达实际情况，保证信息产品对不同管理层的有效性。

（3）时效性原则。只有及时提供信息，才能得到及时的反馈，管理者才能及时地控制项目的实施过程。如建设工程中的月报表、季报表等，这些都是为了保证信息能够及时为决策服务。

（4）简明性原则。信息要便于使用者易于了解情况，分析问题。所以，信息的表达形式应符合人们日常接收信息的习惯，而且对于不同的人，应有不同的表达形式。例如，对于不懂专业、不懂项目管理的业主，则要采用更直观明了的表达形式，如模型、表格、图形、文字描述等。

（5）可预见性原则。信息有过去的、现在的和将来的信息之分，对建设工程而言，产生的信息作为项目实施的历史数据，可用于预测未来的情况，如通过对以往投资执行情况的分析，对未来可能发生的投资进行预测，作为事先控制措施的依据。

第二节 建设工程信息管理

施工项目信息管理是在施工项目实施过程中，对信息收集、整理、处理、储存、传递与利用等进行的管理。施工信息管理的目标就是利用计算机和网络技术为预测未来和进行正确决策提供科学依据，实现施工项目管理信息化，从而提升项目管理的水平和效能。

一、施工项目信息的内容

1. 质量控制信息

质量控制信息包括国家质量政策及质量标准、工程建设项目的建设标准、质量目标分解体系、质量控制工作流程、质量控制工作制度、质量控制的风险分析、质量抽样检查的数据、验收的有关记录和报告等信息。对重要工程及隐蔽工程还应包括有关照片，录像等。

2. 进度控制信息

进度控制信息包括施工定额、计划参考数据、施工进度计划、进度目标分解、进度控制的工作程序、进度控制的风险分析及进度记录等。

3. 成本控制信息

成本控制信息包括工程合同价、物价指数、各种估算指标、施工过程中的支付账单、原材料价格、机械设备台班、人工费用、各种物资单价及运杂费等。

4. 合同管理信息

合同管理信息的一个重要方面是建设单位与施工单位在招标过程中签订的合同文件信息，它们是施工项目实施的主要依据，包括合同协议书、中标通知书、投标书及附件、合同通用及专用条款、技术规范、图纸、其他有关文件。

5. 其他信息

风险控制信息，包括环境要素风险、项目系统结构风险、项目的行为主体产生的风险等；安全控制信息，包括安全责任制、安全组织机构、安全教育与训练、安全管理措施、安全技术措施等；监理信息，包括监理过程中，监理工程师的一切指令、审核审批意见、监理文件等。

二、建设工程信息的收集

收集原始项目信息是一项很重要的基础工作，信息管理工作质量的好坏，很大程度上取决于原始资料的全面性、可靠性和及时性，它直接影响施工项目管理的各项指标，是项目目标能否顺利实现的前提条件。施工企业一般在施工招投标阶段参与工程项目，因此施工单位主要从以下几个方面收集建设项目信息：

1. 工程施工招标阶段信息的收集

为了能够科学地中标，施工单位必须尽可能多地收集与工程项目有关的信息。

(1) 投标前基础信息的收集

1) 投标邀请书、投标须知、建设单位在招标期内的所有补充通知；

2) 国家或地方有关技术经济指标、定额、相关法规及规定，如材料价格，机械设备价格等；

3) 上级有关部门关于建设项目的批文及有关批示、征用土地和拆迁赔偿的协议文件等，土地使用要求、环保要求等；

4) 工程地质和水文地质报告、区域图、地形测量图，气象和地震烈度等自然条件报告，矿藏资源报告，地下管线、文物等埋藏资料；

5) 建设单位与市政、公用、供电、电信、交通、消防等部门的协议文件或配合方案。

6) 年平均气温、年最高气温、年最低气温、冬雨风季时间、年最大风力、地下水位高度、环保要求等资料。

(2) 设计文件信息的收集

设计文件完整地表现了建筑物的外形、内部分割、结构体系、结构状况及建筑群的组成和周围环境的配合，具有详细的构造尺寸，如施工总平面图、建筑物的施工平面图、设备安装图、专项工程施工图以及各种设备材料明细表、施工图预算等信息。

(3) 中标后签订合同阶段信息的收集

中标通知书、合同商洽补充文件、合同双方签署的合同协议书、履约保函、合同条款等。

2. 施工阶段信息的收集

(1)施工单位自身信息的收集

1) 各种方案、计划。包括进度计划方案、施工方案、施工组织设计、施工技术方案、质量问题处理方案。

2) 各种报审信息。包括开工报告、施工组织设计报审表、测量放线报审表、各种材料报验单、月进度支付表、分包报审表、技术核定报审表、工料价格调整申报表、索赔申报表、竣工报验单、复工申请、各种工程建设项目自检报告、质量问题报告、工程进度调整报告。

3) 工地日记。主要包括如下内容：当天的天气记录，当天材料进场的品种、规格、数量及现场复检情况，当天的质量、技术、安全交底情况，当天的施工内容、部位，当天的隐蔽验收情况，当天的见证取样情况，当天参加施工人员的工种、数量及劳动力安排等，当天使用的机械名称、台班等，当天发现的工程质量、安全问题及处理，当天建设单位的指令、要求，当天监理单位的指令、要求，当天的上级或政府来现场检查施工生产情况，当天的设计变更、技术经济签证情况，当天的施工进度与计划进度的比较结果及原因，当天的施工综合评价，其他说明等。

4）内部会议。内部会议是施工单位解决施工中出现的各种问题的有效方法。包括施工方法、工作分工、规章制度、人员奖惩、材料采购等。

（2）建设单位信息的收集

在工程实施过程中，建设单位作为建设工程的组织者，按照合同有关规定，不断发表对工程建设各方面的意见、批示和变更，下达指令。如建设单位负责某些材料供应时，施工单位应收集建设单位所提供的材料的品种、数量、规格、价格、性能、质量证明、试验或检验资料、提货方式、提货地点、供货时间等信息。

（3）监理单位信息的收集

1）监理工程师的指令、要求。监理工程师在工程施工过程中根据实际情况以及甲方的意见，对工程在质量、进度、投资、安全、合同管理等都会发出大量的指示，这些指示有监理工程师通知单、监理备忘录等。

2）监理会议。监理会议是监理工作的一种重要方法，会议中包含着大量的信息。项目管理者必须重视工地会议，建立一套完善的会议制度，以便于会议信息的收集与处理。项目管理者应当及时收集监理会议(如第一次工地会议、工地协调会、质量例会、材料例会、专题会议、监理协调会议等)有关会议的资料、解决的问题、形成的文件资料、会议纪要，会议记录、进度、质量、经费支出总结或小结等。需要说明的是，监理会议确定的事宜视为合同的一部分，施工单位必须执行。

3）监理工程师对施工单位报审资料的审批。监理工程师对施工单位提供的报审表格，包括开工报告、施工组织设计报审表等的审批意见。

4）监理文件。包括监理规划、监理实施细则、监理措施等，监理工程师正是按照这些文件对施工项目进行监督管理的，有关各方应该仔细研究这些文件，以便更好地与监理工程师的工作相配合。

（4）其他信息的收集

在工程施工阶段，除上述几个方面产生的信息外，其他方面如设计单位、物资供应单位、国家或地方政府有关部门、供电部门、供水部门，交通、通信等部门都会产生大量的建设信息，项目管理者应当注意收集这些信息，为实施项目管理、实现项目目标提供依据。

3. 工程保修阶段信息的收集

在工程保修阶段，施工单位除按合同要求及时进行各种保修工作外，还应在保修过程中，将保修情况记录在案，包括工程回访记录，出现问题的具体内容、原因、维修方法，保修所花费用等。

三、建设工程信息的加工与整理

信息的加工和整理也即是信息的处理，通常的处理方式包括手工处理和计算机处理。

1. 手工处理

在信息处理过程中，主要依靠人填写、收集原始资料；计算主要靠人工来完成，人工编制报表和文件，人工保存和存储资料；信息的输出也主要靠人用电话、信函传输通知、报表和文件。目前大多数施工项目采取的就是这种方式。

2. 计算机处理

计算机处理方式是指利用计算机进行数据处理的方式。在项目管理工作中，不仅需要大量的信息，而且对信息的质量(如信息的正确性、及时性等)提出了更高的要求。要做好信息处理工作，单纯靠手工处理方式是不能胜任的，必须借助于计算机来完成。由于计算机具有存储量大、计算速度快的特点，它能高速准确地为施工单位提供所需要的信息，快捷、方便地形成各种报表，并能够利用网络来传递各类信息。这是施工项目信息管理的发展趋势。

四、建设工程信息的输出与使用

施工项目信息管理的目的，就是为了更好地使用信息，为项目管理服务。经过加工处理的信息，要按照项目管理工作的要求，以各种形式如报表、文字、图形、图像、声音等，输出并提供给各级项目管理人员使用。信息的使用效率和使用质量随着计算机的普及而提高。存储于计算机的信息，通过计算机网络技术，可以实现信息在各个部门、各个区域、各级管理者中的共享。根据这些信息，施工单位就能够科学地做出判断和决策，把项目管理工作搞得更好。

主 要 参 考 文 献

[1] 钟汉华，李志. 建筑工程项目管理 [M]. 北京：人民交通出版社，2007.

[2] 周建国. 工程项目管理基础 [M]. 北京：人民交通出版社，2007.

[3] 全国一级建造师执业资格考试用书编写委员会. 全国一级建造师执业资格用书（第[illegible]版）建设工程项目管理 [M]. 北京：中国建筑工业出版社，2007.

[4] 韩明，成立芹. 全国二级建造师执业资格考试应试辅导——建设工程施工管理 [M]. 武汉：华中科技大学出版社，2006.

[5] 李志芩，祝惠表. 全国二级建造师执业资格考试（建设工程施工管理）考前 35 天冲刺 [M]. 武汉：华中科技大学出版社，2006.

[6] 全国二级建造师执业资格考试用书编写委员会. 全国二级建造师执业资格用书（第二版）建设工程施工管理 [M]. 北京：中国建筑工业出版社，2007.

[7] 杜晓玲. 建设工程项目管理 [M]. 北京：机械工业出版社，2006.

[8] 蔡雪峰. 建筑施工组织 [M]. 武汉：武汉理工大学出版社，2007.

[9] 吕宣照. 建筑施工组织 [M]. 北京：化学工业出版社，2005.

[10] 刘钟莹，赵庆华，严斌. 建设工程施工管理 [M]. 南京：东南大学出版社，2005.

[11] 中国土木工程学会 北京交通大学编写组. 建设工程施工管理（全国二级建造师执业资格考试应试指南）[M]. 北京：中国建筑工业出版社，2005.

[12] 宋宗宇等. 建设工程合同原理 [M]. 上海：同济大学出版社，2007.

[13] 赵宗仁. 建设工程价格与管理 [M]. 大连：东北财经大学出版社，1994.

[14] 刘训良. 建设工程质量验评与事故处理 [M]. 北京：水利水电出版社，知识产权出版社，2006.

[15] 蔡健. 建设工程质量安全技术监督管理 [M]. 北京：中国建筑工业出版社，2004.

[16] 姚先成. 建筑工程与环境保护 [M]. 北京：中国建筑工业出版社，2005.

[17] 中华人民共和国住房和城乡建设部.《关于印发〈建筑施工企业安全生产管理机构设置及专职安全生产管理人员配备办法〉的通知》（建质 [2008] 91 号）. 2008.

[18] 中华人民共和国建设部第 15 号令《建设工程施工现场管理规定》.

[19] 全国监理工程师培训考试教材编写委员会. 建设工程质量控制 [M]. 北京：中国建筑工业出版社，2008.

[20] 全国监理工程师培训考试教材编写委员会. 建设工程监理概论 [M]. 北京：中国建筑工业出版社，2008.

[21] 全国监理工程师培训考试教材编写委员会. 建设工程进度控制 [M]. 北京：中国建筑工业出版社.

尊敬的读者：

感谢您选购我社图书！建工版图书按图书销售分类在卖场上架，共设22个一级分类及43个二级分类，根据图书销售分类选购建筑类图书会节省您的大量时间。现将建工版图书销售分类及与我社联系方式介绍给您，欢迎随时与我们联系。

★建工版图书销售分类表（详见下表）。

★欢迎登陆中国建筑工业出版社网站www.cabp.com.cn，本网站为您提供建工版图书信息查询，网上留言、购书服务，并邀请您加入网上读者俱乐部。

★中国建筑工业出版社总编室　电　话：010—58934845

传　真：010—68321361

★中国建筑工业出版社发行部　电　话：010—58933865

传　真：010—68325420

E-mail：hbw@cabp.com.cn

建工版图书销售分类表

一级分类名称（代码）	二级分类名称（代码）	一级分类名称（代码）	二级分类名称（代码）
建筑学（A）	建筑历史与理论（A10）	园林景观（G）	园林史与园林景观理论（G10）
	建筑设计（A20）		园林景观规划与设计（G20）
	建筑技术（A30）		环境艺术设计（G30）
	建筑表现・建筑制图（A40）		园林景观施工（G40）
	建筑艺术（A50）		园林植物与应用（G50）
建筑设备・建筑材料（F）	暖通空调（F10）	城乡建设・市政工程・环境工程（B）	城镇与乡（村）建设（B10）
	建筑给水排水（F20）		道路桥梁工程（B20）
	建筑电气与建筑智能化技术（F30）		市政给水排水工程（B30）
	建筑节能・建筑防火（F40）		市政供热、供燃气工程（B40）
	建筑材料（F50）		环境工程（B50）
城市规划・城市设计（P）	城市史与城市规划理论（P10）	建筑结构与岩土工程（S）	建筑结构（S10）
	城市规划与城市设计（P20）		岩土工程（S20）
室内设计・装饰装修（D）	室内设计与表现（D10）	建筑施工・设备安装技术（C）	施工技术（C10）
	家具与装饰（D20）		设备安装技术（C20）
	装修材料与施工（D30）		工程质量与安全（C30）
建筑工程经济与管理（M）	施工管理（M10）	房地产开发管理（E）	房地产开发与经营（E10）
	工程管理（M20）		物业管理（E20）
	工程监理（M30）	辞典・连续出版物（Z）	辞典（Z10）
	工程经济与造价（M40）		连续出版物（Z20）
艺术・设计（K）	艺术（K10）	旅游・其他（Q）	旅游（Q10）
	工业设计（K20）		其他（Q20）
	平面设计（K30）	土木建筑计算机应用系列（J）	
执业资格考试用书（R）		法律法规与标准规范单行本（T）	
高校教材（V）		法律法规与标准规范汇编/大全（U）	
高职高专教材（X）		培训教材（Y）	
中职中专教材（W）		电子出版物（H）	

注：建工版图书销售分类已标注于图书封底。